600MW火力发电机组技术问答丛书

锅炉运行技术问答

韩志成　曾衍锋　王海波　常立行 等 编著

中国电力出版社
CHINA ELECTRIC POWER PRESS

内 容 提 要

《600MW火力发电机组技术问答丛书》共有《锅炉运行技术问答》、《汽轮机运行技术问答》、《电气运行技术问答》、《热工控制技术问答》等分册。

本书采用简明扼要的问答形式，介绍锅炉运行的知识要点，以方便读者理解和掌握。全书内容包括基础理论篇、辅机运行篇、燃料特性篇、运行调整篇、事故处理篇和直流锅炉篇，着重解答600MW级火力发电机组锅炉运行中遇到的实际问题，从而使读者达到学以致用的目的。

本书主要作为从事600MW级亚临界、超临界、超超临界机组锅炉运行、维护、管理人员的技能培训读本，也可作为大型火电机组生产一线专业技术人员的技能知识参考书，并可供高职高专热能动力专业师生参考。

图书在版编目(CIP)数据

锅炉运行技术问答/韩志成等编著. —北京：中国电力出版社，2013.3(2023.1重印)
(600MW火力发电机组技术问答丛书)
ISBN 978-7-5123-3257-7

Ⅰ.①锅… Ⅱ.①韩… Ⅲ.①火电厂-锅炉运行-问题解答 Ⅳ.①TM621.2-44

中国版本图书馆CIP数据核字(2012)第151686号

中国电力出版社出版、发行
(北京市东城区北京站西街19号 100005 http://www.cepp.sgcc.com.cn)
北京雁林吉兆印刷有限公司印刷
各地新华书店经售
*
2013年3月第一版 2023年1月北京第三次印刷
850×1168毫米 32开本 10.5印张 236千字
印数4501—5000册 定价**30.00**元

前言

超(超)临界发电技术是目前广泛应用的一种成熟、先进、高效的发电技术，可以大幅度提高机组的热效率。自20世纪80年代起，我国陆续投建了大批的大容量600MW级及以上的超(超)临界机组。目前，600MW级火力发电机组已成为我国电力系统的主力机组，对优化电网结构和节能减排起到了关键作用。随着发电机组单机容量的不断增大，对机组运行可靠性的要求越来越高，对电厂的运行、管理等技术人员也提出了更高的要求。为了满足大型发电厂运行人员学习专业知识、掌握机组运行技能的需要，编写了《600MW火力发电机组技术问答丛书》，此丛书共有《锅炉运行技术问答》、《汽轮机运行技术问答》、《电气运行技术问答》、《热工控制技术问答》等分册。

本丛书以600MW级火力发电机组为介绍对象，以做好基层发电企业运行培训、提高运行人员技术水平为主要目的，采取简洁明了的问答形式，将大型机组新设备的原理结构、机组正常运行方式、运行中的监视与调整、异常运行分析、事故处理等关键知识点进行了总结归纳，便于读者有针对性地掌握知识要点，解决实际生产中的问题。

本书为《锅炉运行技术问答》分册。通过总结多年来大型机组锅炉运行的实践经验，根据锅炉运行的理论知识，将锅炉运行中诸多实际生产知识贯穿其中，实现理论与实践的紧密结合，力求满足当前大型发电厂运行人员学习和掌握锅炉运行技能的迫切需求。本书由内蒙古托克托电厂韩志成高级工程师和漳州后石电厂曾衍锋高级工程师主要编写。珠海电厂袁力高级工程师、王海波工程师及华电集团常立行参于编写，华北电力大学危日光博士审稿。华能石洞口第二电厂施晶高级工程师审阅书稿并提出了完善意见。在编写过程中，得到郑远航高级工程师的大力支持，谨此致谢。

由于编者水平有限，书中难免有疏漏之处，恳请广大读者提出宝贵意见，以便今后改正。

编　者

2012年11月

目录

第一章

基础理论

1-1　什么是锅炉？

锅炉是利用燃料或其他能源的热能把水加热成为热水或蒸汽的机械设备。锅是指在火上加热的盛水容器，炉是指燃烧燃料的场所，锅炉包括锅和炉两大部分。锅炉中产生的热水或蒸汽可直接为工业生产和人民生活提供所需要的热能，也可通过蒸汽动力装置转换为机械能，或再通过发电机将机械能转换为电能。

1-2　锅炉运行的安全性指标有哪些？

（1）锅炉连续运行小时数。锅炉两次被迫停炉进行检修之间的运行小时数。

（2）锅炉的可用率。在统计期间内，锅炉总运行小时数及总备用小时数之和与该统计期间总小时数的百分比。

（3）锅炉事故率。在统计期间内，锅炉总事故停炉小时数与总运行小时数和总事故停炉小时数之和的百分比。

1-3　何谓临界、亚临界状态？

工质液体的密度和它的饱和蒸汽密度相等，且汽化潜热为零时的状态称为临界状态，常叫临界点（饱和水线与干饱和蒸汽线在某一压力下的相交点）。临界点的各状态参数称为临界参数。工质不同，其临界参数也不同，对于水：临界压力 $p_{cr}=22.12MPa$，临界温度 $t_{cr}=374.15℃$，临界比体积 $v_{cr}=0.00317m^3/kg$。工质参数在临界点以下的状态称为亚临界状态。

1-4　什么是动态平衡？

在一定压力下汽水共存的密封容器内，液体和蒸汽的分子不停地运动，有的跑出液面，有的返回液面，当从水中逸出的分子数目等于因相互碰撞而返回水中的分子数时，这种状态称为动态平衡。

1-5　什么是工质的状态参数？工质的状态参数是由什么确定的？

凡是能表示工质所处状态的物理量，都叫工质的状态参数。工质的状态参数是由工质的状态确定的，即对应于工质的每一状态的各项参数都具有确定的数值，而与达到这一状态变化的途径无关。

1-6 工质的状态参数有哪些？基本状态参数有哪些？

工质的状态参数有压力、温度、比体积、内能、焓、熵等。其中，压力、温度、比体积为基本状态参数。

1-7 焓的定义是什么？为什么说它是一个状态参数？

焓是工质在某一状态下所具有的总能量，它是内能 U 和压力势能（流动能）pV 之和，是一个复合状态参数，其定义式为 $H=U+pV$。焓用符号 H 表示，其单位为 J 或 kJ。1kg 工质的焓称为比焓，用符号 h 表示，单位为 J/kg 或 kJ/kg，则比焓为 $h=u+pv$。因为焓是由状态参数 u、p、v 组成的综合量，对工质的某一确定状态，u、p、v 均有确定的数值，因而 $u+pv$ 的数值也就完全确定了。所以，焓是一个取决于工质状态的状态参数，它具有状态参数的一切特征。

1-8 什么是绝对压力和表压力？

以绝对真空为零点算起的压力值称为绝对压力，用 p 表示。以大气压力 p_a 为零点算起的压力（即压力表测得的压力）称为表压力，用 p_g 表示。

1-9 什么是饱和状态、湿饱和蒸汽、干饱和蒸汽、过热蒸汽？

处于动态平衡的汽、液共存的状态叫饱和状态。在水达到饱和温度后，如定压加热，则饱和水开始汽化，在水没有完全汽化之前，含有饱和水的蒸汽叫湿饱和蒸汽。湿饱和蒸汽继续在定压条件下加热，水完全汽化成蒸汽时的状态叫干饱和蒸汽。干饱和蒸汽继续定压加热，蒸汽温度上升而超过饱和温度时，就变成了过热蒸汽。

1-10 什么是汽化？汽化有哪两种表现形式？

物质从液态转变为汽态的过程叫汽化。汽化有蒸发和沸腾两种表现形式。液体表面在任意温度下进行比较缓慢的汽化现象叫蒸发，液体表面和内部同时进行剧烈的汽化现象叫沸腾。

1-11　为什么饱和压力随饱和温度升高而增大?

因为温度越高分子的平均动能越大，能从水中逸出的分子越多，在密闭的容器中汽侧分子密度增大；同时，温度升高，蒸汽分子的平均运动速度也随之增加，蒸汽分子对器壁的碰撞增加，使得压力增大，所以饱和压力随饱和温度升高而增大。对于同一种物质，一定的饱和压力总对应一定的饱和温度；反之，一定的饱和温度总对应一定的饱和压力。

1-12　什么叫凝结?水蒸气凝结有什么特点?

物质从汽态变成液态的现象叫凝结。水蒸气凝结有以下特点：

（1）一定压力下的水蒸气必须降低到该压力所对应的饱和温度才开始凝结。如果压力降低，则饱和温度也随之降低；反之，压力升高，对应的饱和温度也升高。

（2）在凝结温度下，水从水蒸气中不断吸收热量，则水蒸气可以不断地凝结成水，并保持温度不变（释放出汽化潜热）。

1-13　什么叫层流和紊流?

流体各质点沿着管子轴线方向平行地流动，各层流体彼此不相混杂。根据雷诺实验，当雷诺数 $Re<2320$ 时，流体的流动状态为层流。各层流体质点不仅沿轴线方向流动并且有横向的脉动，这样使流体质点沿径向互相掺混而成为紊乱的流动，这种流动状态叫紊流。

1-14　什么是蒸汽的干度和湿度?

1kg 湿饱和蒸汽中所含干饱和蒸汽的质量，称为蒸汽干度。1kg 湿饱和蒸汽中含有的饱和水的质量，称为蒸汽湿度。

1-15　热力学第一定律及其实质是什么？

（1）热可以变为功，功也可以变为热。一定量的热消失时，必然产生与之等量的功；同理，消耗一定量的功时，也将产生与之等量的热。

（2）热力学第一定律的实质就是能量转换和守恒定律在热力学研究热现象时的具体应用。

1-16　什么是热力循环和循环热效率？

工质从某一状态点开始，经过一系列的状态变化，又回到原来状态点的全部变化过程的组合叫做热力循环，简称循环。工质每完成一个循环所做的净功 w 和工质在循环中从高温热源吸收的热量 q 的比值叫做循环热效率，即 $\eta=w/q$。循环热效率说明了循环中热转变为功的程度。

1-17　朗肯循环由哪四个过程组成？为了提高朗肯循环热效率，主要可采用哪几种热力循环方式？

朗肯循环由定压吸热过程、绝热膨胀过程、定压放热过程、绝热加压过程组成。

为了提高朗肯循环热效率，主要可采用给水回热法、蒸汽中间再热法、热电联产热力循环方式。

1-18　采取中间再热循环的目的是什么？

所谓中间再热循环，是将汽轮机高压缸膨胀做功后的蒸汽，送入锅炉的再热器进行再加热，使之加热到与额定蒸汽温度相近或相等，然后再送回汽轮机的中、低压缸继续膨胀做功。其目的有如下两个：

（1）降低排汽湿度，提高乏汽干度。由于大型机组初压提高，使排汽湿度增加，因此对汽轮机的末几级叶片侵蚀增大。虽然提高初温可以降低排汽湿度，但由于受金属材料耐温性能的限制，因此对排汽湿度改善较少。采用中间再热循环有利于排汽湿度的改善，使得排汽湿度降到允许的范围内，减轻对叶片的侵蚀，提高低压部分的内效率。

（2）采取中间再热循环，正确地选择再热压力后，可提高循环热效率4%～5%。

1-19 采用抽汽回热循环的意义是什么？

回热循环即是利用汽轮机中做过部分功的蒸汽的热量来加热给水，在蒸汽参数、负荷一定的条件下给水回热减少了部分蒸汽的冷源损失，而且将该项热量传给了锅炉给水，提高了锅炉给水温度，从而提高了热循环效率。

1-20 提高朗肯循环热效率的有效途径有哪些？

（1）提高过热器出口蒸汽压力与温度。

（2）降低排汽压力。

（3）改进热力循环方式，如采用中间再热循环、给水回热循环和供热循环等。

1-21 水锤的危害有哪些？如何防止水锤？

正水锤时，管道中的压力升高，可以超过管中正常压力的几十倍至几百倍，致使壁衬产生很大的应力，而压力的反复变化将引起管道和设备的振动，管道的应力交变变化将造成管道、管件和设备的损坏。负水锤时，管道中的压力降低，也会引起管道和设备振动。应力交递变化，对设备有不利的影响。同时负水锤时，如压力降得过低，则可能使管中产生不利的真空，在外界大气压力的作用下，会将管道挤扁。为了防止水锤现象的出现，可采取增加阀门启闭时间，尽量缩短管道的长度，以及在管道上装设安全阀门或空气室，以限制压力突然升高的数值或压力降得太低的数值。

1-22 什么是传热过程？物体传递热量的多少由哪些因素决定？

热量由高温物体传递给低温物体的过程，称为传热过程。物体传递热量的多少由冷热流体的传热平均温差（Δt）、传热面积 A 和物体的传热系数 K 三个因素决定。

1-23 什么是导热?

热量从物体的高温部分传递到低温部分，或由高温物体传递到与之直接接触的低温物体的过程，称为导热。

1-24 什么是对流换热?对流换热系数的大小与哪些因素有关?

流体（气体、液体）中温度不同的各部分之间，由于相对的宏观运动而进行的热量传递现象，称为对流。工程上把具有相对位移的流体与所接触的固体壁面之间的热传递过程称为对流换热。对流换热系数与下列因素有关：

（1）对流运动成因和流动状态。

（2）流体的物理性质（随种类、温度和压力而变化）。

（3）传热表面的形状、尺寸和相对位置。

（4）流体有无相变（如气态与液态之间的转化）。

1-25 什么是辐射换热?辐射换热与哪些因素有关?

物体都具有辐射能力。物体转化本身的热能向外发射辐射能的现象称为辐射换热，物体温度越高，辐射的能力越强。辐射换热与下列因素有关：

（1）黑度大小。影响辐射能力及吸收率。

（2）物体的温度。影响辐射能力及热量传递能力。

（3）角系数。影响有效辐射面积。

（4）物体的相态。

1-26 辐射换热有哪些特点?

辐射换热是不同于导热和对流换热的一种特殊换热方式。导热和对流换热都必须通过物体或物质的接触才能进行，辐射换热则不需要物体间的直接接触，它依靠射线（电磁波）来传递热量。在辐射换热过程中，还伴随着能量形式的两次转换，即热能转换为辐射能，再由辐射能转换为热能。

1-27 什么是金属材料的机械性能？包括哪些方面？

金属材料的机械性能是指金属材料在外力作用下表现出来的特性。常温金属材料机械特性包括强度、硬度、弹性、塑性、冲击韧性、疲劳强度等；高温金属材料机械特性包括蠕变、持久强度、应力松弛、热疲劳、热脆性等。

1-28 什么是热应力？什么是热冲击？

物体内部温度变化时，只要物体不能自由伸缩，或其内部彼此约束，则在物体内部产生应力，这种应力称为热应力。

金属材料受到急剧的加热和冷却时，其内部将产生很大的温差，从而引起很大的冲击热应力，这种现象称为热冲击。一次大的热冲击，产生的热应力若超过材料的屈服极限，就会导致金属部件的损坏。

1-29 什么是热疲劳？

当金属部件被反复加热和冷却时，其内部就会产生交变热应力。在此交变热应力的反复作用下，零部件遭到破坏的现象称为热疲劳。

1-30 什么是蠕变？

金属材料在一定的温度和一定的应力作用下经过长时间后，产生缓慢、连续的塑性变形的现象称为蠕变。金属在蠕变过程中，塑性变形不断增长，最终断裂。所以，在高温条件下，即使承受的应力不大，金属的寿命也有一定的限度。金属在温度变动频繁的条件下工作，如汽轮机经过启动、运行、停机、再启动的过程，其蠕变也会加速。

1-31 什么是金属的低温脆性转变温度？

低碳钢和高强度合金钢在某些温度下有较高的冲击韧性，但随着温度的降低，其冲击韧性将有所下降，冲击韧性显著下降时的温度称为低温脆性转变温度（FATT），金属的低温脆性转变温度就是脆性断口占50%时的温度。

1-32 什么是金属的疲劳损坏和疲劳强度？

金属在承受交变应力时，不但可能在最大应力远低于材料的强度极限下损坏，而且也可能在比屈服极限低的情况下损坏，即金属材料在交变应力作用下发生断裂的现象，称为金属的疲劳损坏。

金属材料在交变应力的作用下，经一定次数的反复作用而不破坏的最大应力值，称为金属的疲劳强度。

1-33 什么是金属的腐蚀？锅炉腐蚀分哪几种？

金属的腐蚀就是金属在各种侵蚀性液体或气体介质的作用下，发生的化学或电化学过程而遭受损耗或破坏的现象。锅炉腐蚀分为低温腐蚀和高温腐蚀两种。

1-34 汽包锅炉汽水系统的流程是什么？

锅炉给水由给水泵送入省煤器，吸收尾部烟道中烟气的热量后送入汽包，汽包内的水经炉墙外的下降管、炉水循环泵到水冷壁，吸收炉内高温烟气的热量，使部分水蒸发，形成汽水混合物向上流回汽包。汽包内的汽水分离器将水和蒸汽分离开，水回到汽包下部的水空间，而饱和蒸汽进入过热器，继续吸收烟气的热量成为合格的过热蒸汽，最后进入汽轮机。

1-35 沸腾有哪些特点？

（1）在定压条件下，液体只有在温度升高到一定值时才开始沸腾。这一温度值称为该压力下的沸点或饱和温度。

（2）沸腾时汽液两相共存，温度相等，并均等于对应压力下的饱和温度。

（3）整个沸腾过程，流体不断吸热，但温度始终保持饱和温度。一旦温度开始上升，就意味着沸腾过程结束，而进入了过热阶段。

1-36　什么是自然循环锅炉？其有何优点？有何缺点？

自然循环锅炉是由汽包、下降管、下联箱和水冷壁四部分构成的自然循环回路。锅炉在运行状态下，水冷壁吸收高温火焰的辐射热，产生部分蒸汽，形成汽水混合物，密度减小，与炉外不受热的下降管内密度较大的水产生密度差。这个差值形成自然循环的推动力，称为运动压头。这样的循环方式叫做自然循环。自然循环锅炉的优点：

（1）可以在运行状态对炉水进行定期排污和连续排污，以保证炉水品质，对给水品质要求不太高。

（2）由于配备有汽水容积较大的汽包，因此蓄热能力大，对外界负荷与压力的扰动不太敏感，自动化程度要求相对较低。

（3）蒸发受热面的循环阻力不需给水泵来克服，因此给水泵电耗较小，与强制循环锅炉相比，不需要在高温条件下工作的循环泵，工作较可靠。

自然循环锅炉的缺点：自然循环锅炉的运动压头很小，给水冷壁的布置带来一定的困难。为了减少流动阻力，就必须安装水容积较大的汽包和采用大直径且管壁较厚的下降管，钢材消耗大。另外，由于具有厚壁的汽包，因此为了防止出现较大的温差而发生变形，自然循环锅炉启动时间较长。

1-37　什么是锅炉的循环倍率？

在炉水循环回路中，进入上升管的炉水量与上升管出口蒸汽量之比，称为锅炉的循环倍率。

1-38　什么是循环停滞？什么是循环倒流？

在循环回路中，并列的上升管总有受热弱和受热强的情况，当某根管子受热弱时，管内产汽量较少，产生的循环压头不足以推动循环的进行，回路中只有少量的水补充进来或根本就没有水补充进来，这样的情况就称为循环停滞。

并列工作的水冷壁管子之间，由于受热不均匀，管与管之间形成了自然循环回路，此时有的管内水向上流动，有的管内水向下流动，这种水循环的故障现象叫做循环倒流。

1-39 什么是膜态沸腾?

水冷壁受热时，靠近管内壁处的工质首先开始蒸发产生大量的小汽泡，正常情况下这些汽泡应能及时被带走，位于水冷壁管中心的水不断补充过来冷却管壁。但若管外受热很强，管内壁产生汽泡的速度远大于汽泡被带走的速度，汽泡就会在管内壁聚集起来形成所谓的“蒸汽垫”，隔开水与管壁，使管壁得不到及时的冷却，这种现象称为膜态沸腾。

1-40 循环停滞、循环倒流形成的原因是什么？有何危害?

一个循环回路由许多管子并联组成，有共同的下降管及共同的运动压头，各上升管吸热情况不一样，某一管子受热弱，产生汽泡量少，其重位压头大。若重位压头接近于循环回路的公共运动压头，就会出现循环停滞；若重位压头大于公共运动压头或相邻的管子受热很强，循环流速高，对受热弱的管子具有抽吸作用，则都会造成循环倒流。

循环停滞、循环倒流的危害如下：

（1）工质不流动，传热效果差，可能引起管壁超温。

（2）当上升管出现上段是汽、下段是水的“自由水面”或“汽塞”时，汽水分界面处会产生温差应力，分界面位置又是不稳定的，会出现交变应力而造成疲劳破坏。

1-41 锅炉下降管带汽的原因有哪些?

（1）在汽包中汽水混合物的引入口与下降管入口距离太近或下降管入口位置过高。

（2）炉水进入下降管时，进口流动阻力增大和水流加速而产生过大压降，从而使炉水产生自汽化。

（3）下降管进口截面上部形成旋涡斗，使蒸汽吸入。

（4）汽包水室含汽，蒸汽和水一起进入下降管。

（5）下降管受热产生蒸汽。

1-42　大型电站锅炉按工作压力的高低可分为哪几类？

大型电站锅炉按工作压力的高低可分为亚临界压力锅炉、超临界压力锅炉和超超临界压力锅炉。

1-43　自然循环锅炉与强制循环锅炉最主要的差别是什么？

（1）自然循环锅炉，主要依靠汽水密度差使蒸发受热面内的工质自然循环，随着工作压力的提高，水、汽密度差减小，自然循环的可靠性降低。

（2）强制循环锅炉，主要依靠炉水循环泵使工质在水冷壁中做强迫流动，不受锅炉工作压力的影响，既能增大流动压头，又能控制各个回路中的工质流量。

1-44　锅炉蒸汽联箱的作用是什么？

（1）将管径不等、用途不同的管子通过联箱有机地连接在一起。

（2）混合工质，交换工质位置，减少热偏差。由于烟气侧和蒸汽侧存在不可避免的热偏差，造成过热器左右侧甚至相邻两根过热器管的壁温和过热蒸汽的温度偏差，特别是在升火过程中和低负荷时，其偏差可达到足以危及安全生产的程度。锅炉广泛采用交叉联箱，将在左边流动的蒸汽调换到右边，将右边流动的蒸汽调换到左边。混合联箱将各根过热器管来的蒸汽混合后送入下一级过热器。采用交叉联箱和混合联箱后，过热器管的壁温和过热蒸汽的温度偏差显著减小。

（3）减少与汽包相连接的管子。例如，侧墙水冷壁采用上联箱，使与汽包相连的管子大大减少，不但减少了汽包的开孔，而且也便于布置。

1-45 锅炉水冷壁的作用是什么？

（1）水冷壁吸收锅炉火焰的高温辐射热，使进入水冷壁的水蒸发成饱和蒸汽。

（2）保护炉墙。水冷壁四周敷设，隔开燃烧室与炉墙，防止炉墙被烧坏。

（3）简化炉墙结构，便于安装。

1-46 膜式水冷壁有哪些优点？

（1）增加吸收炉膛辐射热的能力，所用钢材的质量少。

（2）只需敷设较薄的铁皮护板，即可制成气密性极佳的轻型炉墙，轻便易吊。

（3）可增加管子刚性，若偶然燃烧不正常而发生事故，不致引起破坏。

（4）可以在工厂成片预制，减少安装工作量，缩短建造周期。

（5）减少炉膛漏风。

1-47 锅炉汽包的作用是什么？

（1）汽包将水冷壁、下降管、过热器及省煤器等各种直径不等、根数不同、用途不一的管子有机地连接在一起，是锅炉加热、蒸发和过热3个过程的中枢。

（2）将水冷壁来的汽水混合物进行汽水分离，分离出来的蒸汽进入过热器，水进入汽包下部水容积空间进行再次循环。

（3）汽包储存有一定数量的水和热，在运行工况变化时可起一定的缓冲作用，从而稳定运行工况。

（4）汽包里的连续排污装置能保持炉水品质合格，清洗装置可以用给水清洗掉溶解在蒸汽中的盐，从而保证蒸汽品质。汽包中的加药装置可防止蒸发受热面结垢。

（5）汽包上装有安全阀、水位计、压力表等安全附件，确保锅炉安全运行。

1-48　汽包内汽水分离装置有哪些组成部分？

汽包内比较常用的汽水分离装置由旋风分离器、波形板分离器（百叶窗）和多孔板等组成。

1-49　过热器有哪些形式？

过热器按传热方式可分为对流式、辐射式和半辐射式；按结构特点可分为蛇形管式、屏式、墙式和包墙式。

1-50　简述汽包锅炉负荷对辐射式过热器、对流式过热器和屏式过热器的影响。

随着锅炉负荷的增加，辐射式过热器中工质的流量和锅炉的燃料耗量按比例增加，但锅炉内火焰温度升高不多，故锅炉内辐射热并不按比例增多，从而使辐射式过热器中单位工质的辐射吸热量减少，蒸汽的焓增相对减少，出口蒸汽的温度下降；反之，出口蒸汽温度升高。

对流式过热器中的蒸汽温度变化特性与辐射式的相反。当锅炉负荷增加时，燃料耗量随之增多，流经过热器的烟气速度和烟气温度提高，使其中的工质焓增升高，故对流式过热器出口蒸汽温度是随锅炉负荷的提高而增加的；反之，蒸汽温度减小。

屏式过热器受热面因为同时吸收锅炉内辐射热量和烟气冲刷的对流热量，所以它的蒸汽温度特性介于辐射式过热器与对流式过热器之间，蒸汽温度随锅炉负荷的变化是比较小的。

1-51　什么是过热器的热偏差？

过热器是由许多并列管子组成的管组，管组中各根管子的结构尺寸、内部阻力系数和热负荷可能各不相同。因此，每根管子中的蒸汽焓增也就不同，工质温度也不同，这种现象叫做过热器的热偏差。

1-52 锅炉安全阀的作用是什么？安全阀有哪些形式？

锅炉安全阀的作用是当锅炉因为某种原因，压力超过一定数值后，为防止锅炉设备超压，安全阀开启，降低锅炉设备内压力，防止锅炉设备因超压而损坏。

安全阀的形式有重锤式安全阀、弹簧式安全阀、脉冲式安全阀、活塞式盘形安全阀。

1-53 简述活塞式盘形安全阀的工作过程。

活塞式盘形安全阀的工作过程：蒸汽压力正常时，压缩空气受压力继电器的作用，由气管进入活塞上部，使阀瓣上加了一个压缩空气的作用力，使之关闭严密。当蒸汽压力升高，达到动作压力时，压力继电器动作，使活塞上部的压缩空气切断而接通活塞下部，由于活塞面积大于阀瓣面积，因此压缩空气就能产生很大的作用力，使阀瓣顶起，排出蒸汽。压力恢复后，压缩空气自动切换，使阀门关闭。

1-54 简述脉冲式安全阀的工作过程。

脉冲式安全阀的工作过程：当锅炉压力超过一定值时，调整到动作压力的电触点压力表的触点接通，通过时间继电器接通电磁铁电路，电磁铁的吸引力将脉冲式安全阀打开，蒸汽进入安全阀的活塞室上部，推动活塞，迅速打开主安全阀的阀瓣，对空排汽泄压。

1-55 简述弹簧式安全阀的工作过程。

弹簧式安全阀的工作过程：阀瓣上面受到弹簧力的作用，下面受到蒸汽压力的作用。正常状态时，弹簧力大于蒸汽压力，阀瓣紧压阀座，接合面保持严密；当压力达到动作压力时，蒸汽压力超过弹簧力，阀瓣打开；当蒸汽压力小于弹簧力时，阀门自动关闭。

1-56　简述重锤式安全阀的工作过程。

重锤式安全阀的工作过程：重锤通过杠杆作用将重力作用在阀杆上，使阀瓣紧压在阀座接合面上，保持阀门的紧密。当压力达到动作值时，蒸汽作用于阀瓣的力大于重锤作用于阀瓣的力，使阀瓣开启，排出蒸汽，蒸汽压力降低；当蒸汽作用于阀瓣的力小于重锤的作用力时，安全阀自动关闭。

1-57　简述云母水位计的测量原理，并说明其主要用途。

云母水位计是采用连通器原理测量水位的，是就地水位计，主要用于锅炉启、停时监视汽包水位和正常运行时定期校对其他形式的水位计。

1-58　利用压差式水位计测量汽包水位时产生误差的主要原因有哪些？

（1）在测量过程中，汽包压力的变化将引起饱和水、饱和蒸汽的重力密度变化，从而造成压差输出的误差。

（2）一般设计计算的平衡容器补偿管是按水位处于零水位情况下计算的，运行时，锅炉汽包水位偏离零水位，将会引起测量误差。

（3）当汽包压力突然下降时，会由于正压室内凝结水可能被蒸发掉而导致仪表指示失常。

1-59　简述电触点水位计的工作原理。

由于水和蒸汽的电阻率存在着极大的差异，因此，可以把饱和蒸汽看作非导体(或高阻导体)，而把水看作导体(或低阻导体)。电触点水位计就是利用这一原理，通过测定与容器相连的测量筒内处于汽水介质中的各电极间的电阻来判别汽水界面位置的。

1-60　校验锅炉安全阀应遵循的基本原则有哪些？

（1）锅炉大修后，或安全阀解体检修后，均应对安全阀定值进行校验。

（2）带电磁力辅助操作机械的电磁安全阀，除了进行机械校验外，还应做电气回路的启停试验。

（3）纯机械弹簧安全阀可采用液压装置进行校验。

（4）安全阀校验的顺序，应先高压，后低压，先主蒸汽侧，后再热蒸汽侧，依次对汽包、过热器出口及再热器进、出口安全阀逐一进行校验。

（5）安全阀校验，一般应在汽轮发电机未启动前或解列后进行。

1-61 锅炉再热器的作用是什么？

（1）提高热力循环的热效率。

（2）提高汽轮机排汽的干度，降低汽耗，减少蒸汽中的水分对汽轮机末几级叶片的侵蚀。

（3）提高汽轮机的效率。

（4）进一步吸收锅炉烟气热量，降低排烟温度。

1-62 锅炉省煤器的作用是什么？

在锅炉尾部烟道的最后，烟气温度仍有400℃左右，为了最大限度地利用烟气热量，大型锅炉在尾部烟道都布置一些低温受热面，通常包括省煤器和空气预热器。省煤器的作用有两个：①让给水在进入锅炉前，利用烟气的热量对之进行加热，同时降低排烟温度，提高锅炉效率，节约燃料耗量；②由于给水流入蒸发受热面前，先被省煤器加热，这样就降低了炉膛内传热的不可逆热损失，提高了经济性，同时减少了水在蒸发受热面的吸热量。因此，采用省煤器可以取代部分蒸发受热面，也就是以管径较小、管壁较薄、传热温差较大、价格较低的省煤器来代替部分造价较高的蒸发受热面。

1-63 锅炉空气阀的作用是什么？

（1）锅炉上水时，排走受热面内的空气，防止受热面内的空气积存造成水循环及蒸汽流动不畅，引起受热面损坏。

（2）锅炉停炉放水时，泄压到零前开启空气阀，可以防止锅炉承压部件内因工质冷却、体积缩小所造成的真空；可以利用大气的压力放出炉水。

1-64　为什么要对锅炉给水进行处理？

如将未经处理的生水直接注入锅炉，不仅蒸汽品质得不到保证，而且还会引起锅炉结垢和腐蚀，从而影响机炉的安全经济运行。因此，生水注入锅炉之前，需要经过处理，以除去其中的盐类、杂质和气体，使给水水质符合要求。

1-65　锅炉内水处理的目的是什么？处理过程如何？

锅炉内水处理的目的是向炉水中加药，使炉水中残余的钙、镁等杂质不是生成水垢而是形成水渣。其处理过程是将磷酸盐用加药泵连续地送入炉水中，使之与炉水中的钙、镁离子发生反应，生成松软的水渣，然后利用排污的方法排出锅炉。

1-66　锅炉连续排污、定期排污的作用是什么？

连续排污也叫表面排污，这种排污方式是连续不断地从汽包炉水表面层将浓度最大的炉水排出。它的作用是降低炉水中的含盐量和碱度，防止炉水浓度过高而影响蒸汽品质。

定期排污又叫间断排污或底部排污，其作用是排除积聚在锅炉下部的水渣和磷酸盐处理后所形成的软质沉淀物。定期排污持续时间很短，但排出锅炉内沉淀物的能力很强。

1-67　什么是蒸汽品质？影响蒸汽品质的因素有哪些？

蒸汽品质是指蒸汽中含杂质的多少，也就是指蒸汽的洁净程度。

影响蒸汽品质的因素如下。

1. 蒸汽携带炉水

（1）锅炉压力对蒸汽带水的影响。压力越高，蒸汽越容易带水。

（2）汽包内部结构对蒸汽带水的影响。汽包内径的大小、汽水的引入引出管的布置情况要影响到蒸汽带水的多少，汽包内汽水分离装置不同，其汽水分离效果也不同。

（3）炉水含盐量对蒸汽带水的影响。炉水含盐量小于某一定值时，蒸汽含盐量与炉水含盐量成正比。

（4）锅炉负荷对蒸汽带水的影响。在蒸汽压力和炉水含盐量一定的条件下，锅炉负荷上升，蒸汽带水量也趋于有少量增加。如果锅炉超负荷运行，其蒸汽品质就会严重恶化。

（5）汽包水位的影响。水位过高，蒸汽带水量增加。

2. 蒸汽溶解杂质

（1）高压锅炉的饱和蒸汽像水一样也能溶解炉水中的某些杂质。

（2）蒸汽溶解杂质的数量与物质种类和蒸汽压力大小有关。

（3）蒸汽溶盐能力随压力的升高而增强；蒸汽溶盐具有选择性，以溶解硅酸最为显著；过热蒸汽也能溶盐。因此，锅炉压力越高，要求炉水中含盐量和含硅量越低。

1-68　蒸汽含杂质对锅炉设备安全运行有哪些影响？

蒸汽含杂质过多，会引起过热器受热面、汽轮机通流部分和蒸汽管道沉积盐垢。盐垢如沉积在过热器受热面壁上，会使传热能力降低，重则使管壁温度超过金属允许的极限温度，导致管子超温烧坏；轻则使蒸汽吸热量减少，过热蒸汽温度降低，排烟温度升高，锅炉效率降低。盐垢如沉积在汽轮机的通流部分，将使蒸汽的流通截面减小、叶片的粗糙度增加，甚至改变叶片的型线，使汽轮机的阻力增大，出力和效率降低；此外，将引起叶片应力和轴向推力增加，甚至引起汽轮机振动增大，造成汽轮机事故。盐垢如沉积在蒸汽管道的阀门处，可能引起阀门动作失灵和阀门漏汽。

1-69　测量锅炉烟气的含氧量有何意义？

锅炉燃烧质量的好坏直接影响电厂的煤耗，锅炉处于最佳燃烧状态时，具有一定的过量空气系数 α，而 α 和烟气中 O_2 的含量有一定关系，因此可以用监视烟气中 O_2 的含量来了解 α 值，以判别燃烧是否处于最佳状态，甚至把 O_2 的含量信号引入燃烧自动控制系统，作为校正信号来控制送风量，以保证锅炉的经济燃烧。此外，含氧量过大或过小还直接威胁锅炉的安全运行。

1-70　提高蒸汽品质的措施有哪些？

（1）减少给水中的杂质，保证给水品质良好。

（2）合理地进行锅炉排污。连续排污可降低炉水的含盐量、含硅量；定期排污可排除炉水中的水渣。

（3）汽包中装设蒸汽净化设备，包括汽水分离装置、蒸汽清洗装置。

（4）严格监督汽、水品质，调整锅炉运行工况。各台锅炉汽、水监督指标是根据每台锅炉热化学试验确定的，运行中应保持汽、水品质合格。锅炉运行负荷的大小、水位的高低都应符合热化学试验所规定的标准。

1-71　烟气脱硝工艺系统如何组成？

（1）烟气系统。

（2）SCR 反应器和催化剂。

（3）催化剂的吹灰系统。

（4）液氨的存储和卸料系统。

（5）液氨的蒸发系统。

（6）液氨排放系统。

（7）氨的空气稀释和喷射系统。

（8）烟气取样系统。

1-72 燃煤锅炉烟气有何特点？

（1）烟气量大。

（2）烟气温度较高，一般在120℃左右。

（3）烟气携带粉尘多。

（4）含湿量大。

（5）含有腐蚀性气体。燃烧生成大量SO_x、NO_x，它们遇水后将形成酸，对大气造成污染。

1-73 脱硫系统简单工艺流程是什么？

（1）SO_2的吸收。预除尘后的烟气由吸收塔上部入口进入，在塔内与高活性的钙基脱硫剂进行SO_2吸收反应，反应后的烟气由吸收塔下部烟道出口排出后排入大气。

（2）脱硫剂的循环利用。塔内落下的反应产物和新吸收剂一起通过输送装置输送到塔上部的加湿器内，在加湿器内加少量水增湿活化后再次进入塔内进行脱硫反应，实现脱硫剂的循环利用。

1-74 什么叫锅炉的经济负荷？

当锅炉负荷变化时，其效率也随之变化。锅炉负荷为75%～85%时，效率最高，把锅炉效率最高时的负荷称为经济负荷。在经济负荷以下时，效率低的主要是炉内温度低及不完全燃烧热损失增大所致，此时若负荷增加，则效率也增高；在经济负荷以上时，效率低的主要影响因素是排烟损失增大，此时锅炉效率随着负荷的增加而下降。

1-75 什么叫制粉电耗？

制粉电耗是指在制粉过程中，制出1t煤粉，制粉设备所消耗的电量，单位是kW·h/t。

1-76　什么叫发电煤耗和供电煤耗?

发电煤耗为每发 1kW·h 电所消耗的标准煤量(折合成发热量为 29.271MJ/kg 的煤),即发电厂的燃料消耗量(折算成标准煤)与发电量之比,单位为 g/(kW·h)。

发电厂中发电量扣除厂用电,实际供出的电量所消耗的燃料(折算成标准煤)与供电量之比叫供电煤耗,单位为 g/(kW·h)。

1-77　什么叫空气预热器的漏风系数和漏风率?

漏风系数指空气预热器烟气侧出口与进口过量空气系数的差值,用公式表示:$\Delta\alpha = \alpha'' - \alpha'$。漏风率指漏入空气预热器烟气侧的空气量与烟气量的百分比。

第二章

辅 机 运 行

2-1　转动机械在运行中发生什么情况时，应立即停止运行？

（1）发生人身事故，无法脱险时。

（2）发生强烈振动，危及设备安全运行时。

（3）轴承温度急剧升高或超过规定值时。

（4）电动机转子和定子严重摩擦或电动机冒烟起火时。

（5）转动机械的转子与外壳发生严重摩擦撞击时。

（6）发生火灾或被水淹时。

2-2　锅炉空气预热器的作用是什么？空气预热器有哪些形式？

空气预热器是利用烟气的热量来加热燃烧所需空气的热交换设备。空气预热器可吸收烟气热量，使排烟温度降低并减少排烟热损失，提高锅炉效率；同时提高了燃烧空气的温度，有利于燃料的着火、燃烧和燃尽，增强了燃烧稳定性并可提高锅炉燃烧效率；空气预热器还能提高炉膛内烟气温度，强化炉内辐射换热。因此，空气预热器已成为现代锅炉的一个重要的、不可缺少的部件。

空气预热器有板式、回转式和管式三种形式。

2-3　空气预热器冷端综合温度如何计算？为什么要监视空气预热器冷端综合温度？

空气预热器冷端综合温度为：（排烟温度＋空气预热器进口空气温度）/2。

为防止空气预热器发生低温腐蚀，监视空气预热器冷端综合温度值并按要求进行控制。

2-4　回转式空气预热器漏风的原因是什么？

由于烟气侧与空气侧存在压差，空气预热器动、静部分之间的间隙不可避免地要引起漏风。影响漏风的原因如下：

（1）结构设计不良。密封装置在热态运行中补偿不足或密封片磨损。

（2）制造工艺欠佳。加工精度不够，焊接质量差。

（3）安装与检修质量差。未能按设计要求安装和检修。

（4）运行与维护不当，造成空气预热器积灰和腐蚀及二次燃烧。

2-5　回转式空气预热器的密封装置有哪些组成部分？

回转式空气预热器是转动机构，动、静部分需留有一定间隙，而空气与烟气间又有压力差，空气会通过这些间隙漏入烟气中，为此需设置径向、轴向、环向（周向）密封装置，以尽可能减少漏风量。径向密封装置安装在转子每块隔板的上端与下端，以防止空气通过转子端面与顶部外壳、底部外壳之间的间隙漏入烟气中。轴向密封装置安装在转子圆筒外面（或外壳圆筒的里面），防止空气通过转子与外壳之间的间隙漏入烟气中。环向密封装置安装在转子上下端面圆周及中心轴上下两端，防止空气通过转子端面圆周漏入转子与外壳之间的间隙。

2-6　空气预热器漏风有何危害？

空气预热器漏风使送、引风机电耗增加，严重时因风机出力受限，锅炉被迫降负荷运行。漏风造成排烟热损失增加，降低了锅炉的热效率。漏风还使热风温度降低，导致受热面低温段腐蚀、堵灰。对于空气预热器和省煤器二级交叉布置的管式空气预热器，若高温段漏风，则还会造成烟气量增大，对低温省煤器磨损加剧。

2-7　为什么空气预热器要装设吹灰装置？

当烟气进入空气预热器低温受热面时，由于烟气温度降低或在接触到低温受热面时，只要温度低于露点温度，水蒸气和硫酸蒸气将会凝结。水蒸气在受热面上的凝结，将会造成金属的氧腐蚀；而硫酸蒸气在受热面上的凝结，将会使金属产生严重的酸腐蚀。酸性黏结灰能使烟气中的飞灰大量黏结沉积，形成不易被吹灰清除的低温黏结结灰。由于结灰，传热能力降低，受热面壁温降低，引起更严重的低温腐蚀和黏结结灰，最终有可能堵塞烟气通道，因此必须装设吹灰装置。

2-8　为什么空气预热器要装设水清洗和消防装置?

实践证明，附在空气预热器波纹板上的沉积物不管怎样吹灰，也不可能除去。当空气预热器烟风阻力已比设计值高出0.7～1.0kPa或者空气预热器压力损失在30%以上时，从安全经济角度考虑，需停炉对空气预热器进行水清洗。装设消防装置是为了防止空气预热器着火后立即进行有效灭火。

2-9　空气预热器启动前应检查什么?

（1）检查空气预热器本体、空气预热器电动机及空气预热器吹灰、清洗、径向密封调节装置和空气预热器火灾报警装置，无检修工作票或检修工作结束。

（2）检查空气预热器本体无人工作，本体内部杂物清理干净，各烟风道内杂物清理干净，各检查门、人孔门关闭严密。

（3）检查空气预热器本体保温恢复良好，空气预热器各层平台围栏完整，空气预热器周围杂物清理干净，照明充足。

（4）检查并确认空气预热器驱动装置外观完整，驱动电动机和变速箱地脚螺栓连接牢固，各驱动电动机和减速机间联轴器安全罩连接牢固，变速箱油位正常，变速箱润滑油泵电动机接线完整，润滑油管连接完整。

（5）检查并核实空气预热器热端、冷端以及轴向密封间隙已调整完毕。

（6）检查空气预热器主驱动电动机和辅助驱动电动机接线完整，接线盒安装牢固，电动机外壳接地线完整并接地良好。

（7）检查空气预热器各清洗和消防门关闭严密无内漏，外部管道、阀门不漏水。

（8）检查空气预热器热端径向密封控制装置完整无损坏。

（9）检查空气预热器火灾报警装置正常无损坏。

（10）检查空气预热器吹灰器完整无损坏。

（11）检查空气预热器各烟风道压力、温度测量探头安装正常，单控信号指示正确。

（12）启动空气预热器气动盘车电动机，检查空气预热器减速机内部无异声，传动轴转动平稳。检查空气预热器本体内部无刮卡、碰磨声。

（13）检查完毕无异常，停止空气预热器气动盘车电动机，联系空气预热器主驱动电动机和辅助驱动电动机送电。

2-10　运行时对空气预热器检查的内容有哪些？

（1）转子运转情况。要求传动平稳，无异常的冲击、振动和噪声。

（2）传动装置的工作情况。要求电动机、减速箱轴承、液力耦合器等温度正常，无漏油现象，电动机的工作电流正常。

（3）转子轴承和油循环系统的运转情况正常。

（4）空气预热器进、出口的烟气和空气温度。如发现其中一点温度有不正常地升高，需及时查明原因，以防不测。

（5）空气预热器进、出口之间的压差。当发现进、出口压差增大，即气流阻力明显增加，表明转子积灰严重时，应加强吹灰，增加空气预热器的吹灰次数。

2-11　对空气预热器停运有何要求？

空气预热器入口烟气温度小于120℃时，且送、引风机停止后，可停止空气预热器运行。

2-12　怎样判断空气预热器是否漏风？

空气预热器由于低温腐蚀和磨损，空气漏入烟气。除停炉后对空气预热器进行外观检查外，锅炉在运行时也可发现空气预热器漏风。空气预热器漏风的现象如下：

（1）空气预热器后的过量空气系数超过正常标准。

（2）送风机电流增加，空气预热器出入口风压降低。

（3）引风机电流增加，因为引风机负荷增加。

（4）漏风严重时，送风机入口挡板全开，风量仍不足，锅炉达不到额定负荷。

（5）大量冷空气漏入烟气，使排烟温度下降。

2-13　为什么烟气露点越低越好？

为了防止锅炉尾部受热面的腐蚀和积灰，在设计锅炉时，要使低温空气预热器管壁温度高于烟气露点，并留有一定的裕量。如果烟气的露点高，则锅炉的排烟温度一定要设计得高些，这样排烟损失必然增大，锅炉的热效率降低；如果烟气的露点低，则排烟温度可设计得低些，可使锅炉热效率提高。设计锅炉时，排烟温度的选择除了考虑防止尾部受热面的低温腐蚀外，还要考虑燃料与钢材的价格等因素。

2-14　烟气露点与哪些因素有关？

烟气中水蒸气开始凝结的温度称为露点，露点的高低与很多因素有关。烟气中的水蒸气含量多即水蒸气分压高，则露点高。但由水蒸气分压决定的热力学露点是较低的，例如，燃油锅炉在一般情况下，烟气中的水蒸气分压为0.08～0.14绝对大气压，相应的热力学露点为41～52℃。燃料中的含硫量高，则露点也高。燃料中硫燃烧时生成SO_2，SO_2进一步氧化成SO_3。SO_3与烟气中的水蒸气生成硫酸蒸气，硫酸蒸气的存在，使露点大为提高。例如，硫酸蒸气的浓度为10%时，露点高达190℃。燃料中的含硫量高，则燃烧后生成的SO_2多，过量空气系数越大，从而使SO_2转化成SO_3的数量越多。不同的燃料，即使燃料含硫量相同，露点也不同。煤粉锅炉在正常情况下，煤中灰分的90%以飞灰的形式存在于烟气中。烟气中的飞灰具有吸附硫酸蒸气的作用，因煤粉锅炉烟气中的硫酸蒸气浓度减小，所以烟气露点显著降低。燃油中灰分含量很少，烟气中灰分吸附硫酸蒸气的能力很弱。所以，即使含硫量相同，燃油时的烟气露点明显高于燃煤，因而燃油锅炉尾部受热面的低温腐蚀比燃煤锅炉严重得多。

2-15 如何预防锅炉尾部烟道发生二次燃烧？

（1）防止二次燃烧应合理配风，调整好燃烧工况，尽量减少不完全燃烧产物进入烟道并防止在受热面上的沉积。

（2）如果发现对流受热面上的积灰加剧，要及时进行吹灰，特别是停炉前要彻底除灰。

（3）锅炉运行时，过量空气系数不要过高，停炉后应严密关闭各门、孔和烟风道挡板，防止空气漏入。

（4）停炉后要加强尾部检查，发现异常情况，及时采取处理措施。

（5）在尾部安装的灭火装置应有足够的消防能力。

（6）采用热电偶式火灾探测装置，保障监视设备可靠。

2-16 风机的启动主要有哪几个步骤？

（1）具有润滑油系统的风机，应首先启动润滑油泵，并调整油压、油量正常。

（2）采用液力耦合器调整风量的风机，应启动辅助油泵对各级齿轮和轴承进行供油。

（3）启动轴承冷却风机。

（4）关闭出入口挡板或将动叶调零，勺管关到零位，保持风机空载启动。

（5）启动风机，注意电流返回时间。

（6）电流正常后，调整出力至所需值。

2-17 风机运行中发生哪些异常情况应加强监视？

（1）风机突然发生振动、窜轴或有摩擦声音，并有所增大时。

（2）轴承温度升高，没有查明原因时。

（3）轴瓦冷却水中断或水量过小时。

（4）风机室内有异常声音，原因不明时。

（5）电动机温度升高或有异声时。

（6）并列运行的风机中有一台停运，对运行的风机应加强监视。

2-18　风机轴承温度高的原因有哪些？

轴承油位过高或过低、油脂不合格、轴承冷却水压力低、带有润滑油系统的风机润滑油油压低、风机轴承磨损、风机或电动机故障引起的风机油膜形成不良等原因均会造成轴承温度高。

2-19　不同转速的转动机械的振动合格标准是什么？

（1）额定转速为750r/min以下的转动机械，轴承振动值不超过0.12mm。

（2）额定转速为1000r/min的转动机械，轴承振动值不超过0.10mm。

（3）额定转速为1500r/min的转动机械，轴承振动值不超过0.085mm。

（4）额定转速为3000r/min的转动机械，轴承振动值不超过0.05mm。

2-20　风机和泵振动大的原因有哪些？

（1）泵因汽蚀引起的振动。

（2）轴流式风机因失速引起的振动。

（3）转动部分不平衡引起的振动。

（4）转动各部件连接中心不重合引起的振动。

（5）联轴器螺栓间距准确度不高引起的振动。

（6）固体摩擦引起的振动。

（7）平衡盘引起的振动。

（8）泵座基础不好引起的振动。

（9）由驱动设备引起的振动。

2-21　液力耦合器是如何传递转矩和调节转速的？

液力耦合器是借助液体为介质传递功率的一种动力传递装置，具有平稳地改变扭转力矩和角速度的能力。液力耦合器可以实现无级变速运行，工作可靠，操作简便，调节灵活，维修方便。采用液力耦合器便于实现工作机全程自动调节，以适应荷载的不断变化，广泛适用于电力、石化、工程机械等领域。

2-22　轴承油位过高或过低有什么危害？

（1）油位过高，会使油循环运动阻力增大、打滑或停脱，油分子的相互摩擦会使轴承温度过高，还会增大间隙处的漏油量。

（2）油位过低，会使轴承的滚珠和油环带不起油来，造成轴承得不到润滑而使温度升高，把轴承烧坏。

2-23　风机正常运行时监视和检查的内容是什么？

风机的电流是风机负荷的标志，同时也是一些异常事故的预报。风机的进出口风压反映了风机的运行工况，还反映了锅炉及所属系统的漏风或受热面的积灰和积渣情况，需要经常分析。运行时，需监视和检查风机及电动机的轴承温度、振动、润滑油流量、油位及转动部分的声音是否正常等。

2-24　简述离心式风机的调节原理。

离心式风机在实际运行中的流量总是跟随锅炉负荷发生变化的，因此，需要对风机的工作点进行适当的调节。所谓调节原理，就是通过改变离心式风机的特性曲线或管路特性曲线人为地改变离心式风机工作点的位置，使离心式风机的输出流量和实际需要量相平衡。

2-25 什么是离心式风机的特性曲线？风机实际性能曲线在转速不变时的变化情况如何？

（1）当风机转速不变时，可以表示出风量（Q）—风压（p）、风量（Q）—功率（P）、风量（Q）—效率（η）等关系曲线，叫做离心式风机的特性曲线。

（2）由于实际运行的风机存在着各种能量损失，因此 Q-p 曲线变化不是线性关系。由 Q-p 曲线可以看出，风机的风量减小时，全风压增高；风量增大时，全风压降低。

2-26 什么是离心式风机的工作点？

由于风机在其连接的管路系统中输送流量时，它所产生的全风压恰好等于该管路系统输送相同流量气体时所消耗的总压头，因此它们之间在能量供求关系上是处于平衡状态的，风机的工作点必然是管路特性曲线与风机的流量—风压特性曲线的交点，而不会是其他点。

2-27 如何选择并联运行的离心式风机？

（1）最好选择两台特性曲线完全相同的风机并联。

（2）每台风机流量的选择应以并联工作后工作点的总流量为依据。

（3）每台风机的配套电动机容量应以每台风机单独运行时的工作点所需的功率来选择，以便发挥单台风机工作时最大流量的可能性。

2-28 轴流式风机有何特点？

（1）在同样流量下，轴流式风机体积可以大大缩小，因而它占地面积也小。

（2）轴流式风机叶轮上的叶片可以做成能够转动的，在调节风量时，借助转动机械将叶片的安装角改变一下，即可达到调节风量的目的。

2-29　一次风机在电站锅炉中的作用有哪些？

一次风机在电站锅炉中的作用有三点：①干燥煤粉；②输送煤粉；③为煤粉挥发分提供初始氧量。

2-30　送风机的作用是什么？引风机的作用是什么？

送风机的作用是为炉膛内燃煤、燃油提供燃烧所需的新鲜空气，称为二次风。新鲜空气经两台送风机送入，经暖风器和空气预热器加热后进入锅炉二次风箱，再由二次风箱分配给燃烧器助燃。

引风机的作用是将炉膛内燃烧产生的高温烟气吸出炉膛排向大气，同时维持炉膛微负压燃烧。

2-31　风机运行中的常见故障有哪些？

（1）风机电流不正常地增大或减小，或摆动大。

（2）风机的风压、风量不正常地变化，忽大忽小。

（3）机械产生严重摩擦、振动撞击等异常响声。

（4）地脚螺栓断裂，台板有裂纹。

（5）轴承温度不正常地升高。

（6）润滑油流出、变质或有焦味、冒烟，冷却水回水温度不正常地升高。

（7）电动机温度不正常地升高，冒烟或有焦味，电源开关跳闸等。

2-32　停运风机时怎样操作？

（1）关闭出入口挡板或将动叶关闭至零位，勺管关到零位，将风机出力减至最小。

（2）停止风机运行。

（3）检查出口挡板联锁关闭或手动关闭。

（4）辅助油泵为了冷却液压联轴器设备，应继续运行 1h 后停运。

（5）停止冷却风机和强制循环油泵。

2-33 离心式风机投入运行后应注意哪些问题?

（1）风机安装后试运转时，先将风机启动 1～2h，停机检查轴承及其他设备有无松动情况，待处理后再运转 6～8h，风机大修后分部试运转不少于 2h，如情况正常可交付使用。

（2）风机启动后，应检查电动机运转情况，发现有强烈噪声及剧烈振动时，应停止运行查找原因，故障消除后启动风机。

（3）运行中应注意轴承润滑、冷却情况及温度变化。

（4）不允许长时间超额定电流运行。

（5）注意运行中的振动、噪声及异常声音。

（6）发生强烈振动和噪声，振幅超过允许值时，应立即停止检查。

2-34 正常运行中，烟道及空气预热器漏风对引风机运行有何影响?

正常运行中，烟道及空气预热器漏风，使引风机出力增加，引风机单耗增大，严重时因为引风机出力不足而无法满足机组负荷需求。

2-35 正常运行中，烟道及空气预热器堵灰对引风机运行有何影响?

正常运行中，烟道及空气预热器堵灰，使引风机出力增加，引风机单耗增大，严重时因为引风机出力不足而无法满足机组负荷需求，同时容易导致引风机失速。

2-36 什么是风机的失速?

风机动叶片前后压差大小取决于动叶冲角的大小，在临界冲角值以内，其压差大致与叶片冲角成正比，不同的叶片叶型有不同的临界冲角数值。翼形冲角不超过临界值，气流沿叶片凸面平稳地流过，一旦叶片的冲角超过临界值，气流会离开叶片凸面发生边界层分离现象，从而产生大区域的涡流，此时风机的全压下降，这种情况被称作风机的失速。

2-37　风机失速时的现象有哪些？

风机失速时，风机电流减小，本体压差减小，炉膛负压变正，对侧风机出力增大，严重时引起风机振动增加而损坏轴承。

2-38　什么是风机喘振？有何危害？如何防止？

轴流式风机在不稳定工况区运行时，会发生流量、压力和电流的大幅度波动，气流会发生往复流动，这种压力和流量的脉动现象称为风机喘振。

当风机发生喘振时，风机的流量和压头周期性地反复脉动，并在很大范围内变化，表现为零甚至出现负值。风机流量和压头的这种正负剧烈地波动，将发生气流的猛烈撞击，使风机本身产生剧烈振动，同时风机工作的噪声加剧。特别是大容量的高压头风机产生喘振时的危害很大，可能导致设备和轴承的损坏，造成事故，直接影响锅炉的安全运行。

为防止风机喘振，可采取如下措施：

(1) 保持风机在稳定区域工作。因此应选择 P-Q 特性曲线没有驼峰的风机；如果风机的性能曲线有驼峰，应使风机一直保持在稳定区工作。

(2) 采用再循环。使一部分排出的气体再引回风机入口，不使风机流量过小而处于不稳定区工作。

(3) 加装放气阀。当输送流量小于或接近喘振的临界流量时，开启放气阀，放掉部分气体，降低管系压力，避免喘振。

(4) 采用适当调节方法，改变风机本身的流量。如采用改变转速、叶片的安装角等办法，避免风机的工作点落入喘振区。

(5) 当两台风机并联运行时，应尽量调节其出力平衡，防止偏差过大。

2-39 负荷发生变化时如何调节风机的风量？

（1）当负荷增加时，先增加送风量，再增加给煤量。

（2）当负荷减少时，先减少给煤量，再减少送风量。

（3）锅炉的二次风量是根据过剩氧量进行调整的。

2-40 何谓制粉系统？典型的制粉系统有哪些形式？

（1）在火力发电厂中，以磨煤机为中心，将原煤磨制成合格的煤粉，并输送到煤粉仓储存起来或直接送到炉内的系统，称为制粉系统。

（2）典型的制粉系统有中间储仓式和直吹式两种形式。

2-41 制粉系统运行的主要任务是什么？

（1）将煤炭从原煤斗经给煤机按一定的速度输入磨煤机。

（2）向磨煤机提供一定温度和流量的一次风，使煤炭在经历磨制过程的同时完成干燥过程。

（3）保证合格的煤粉细度和一次风温度，以满足锅炉出力的需要。

（4）以一定的速度均匀地分配到各个投运的燃烧器。

2-42 直吹式制粉系统运行中给煤机皮带打滑，对磨煤机及锅炉燃烧有何影响？

直吹式制粉系统运行中给煤机皮带打滑，磨煤机瞬间断煤，磨煤机出口温度上升，给煤机指令增大，蒸汽温度和压力下降，若处理不当，磨煤机会产生强烈振动，燃烧不稳。

2-43 直吹式制粉系统启停中的注意事项有哪些？

（1）制粉系统在启停过程中必须进行充分的暖管。冷态的制粉系统启动时，管道温度低，如果不提前用热风进行暖管，制粉系统启动后，煤粉空气混合物中的水分遇到温度较低的冷管道会产生结露，煤粉黏结在管道内壁增加流动阻力，严重时可能引起旋风分离器的堵塞，这种现象在气候较冷和管道保温不完整的情况下比较明显。启动前，应对制粉系统进行充分的暖管，暖管时间一般规定为10～15min。

（2）磨煤机停运时必须吹扫干净余粉。停运磨煤机时，如不将余粉吹扫干净，积粉氧化自燃，当重新启动时自燃的煤粉悬浮起来，会造成制粉系统爆炸。由此可见，停运磨煤机时吹扫干净余粉，不仅是防止自燃和爆炸的一项措施，而且也为磨煤机的重新启动创造了条件，可以减少对炉膛燃烧的扰动，保持燃烧的相对稳定。

（3）制粉系统启停过程中，严格控制磨煤机出口风粉混合物的温度不超过规定值。磨煤机的启停过程属于变工况运行，温度控制不当易超限，导致煤粉爆炸。制粉系统停运时残存的煤粉如果没有抽净而发生缓慢氧化，则在启动通风时会使引燃的煤粉疏松和扬起，温度适当时会引起爆炸。因此，磨煤机启动过程中，出口温度达到规定值时，就应向磨煤机内给煤；停运过程中，随着给煤量的减少应逐渐减少热风，严格控制磨煤机出口温度不超过规定值。

2-44　磨煤机运行中进水有什么现象？

磨煤机出口温度下降，冷空气进入炉膛，造成燃烧不稳，可能发生灭火，机组负荷下降，锅炉出口蒸汽压力和温度下降。

2-45　正压直吹式中速磨煤机保护一般有哪些内容？

（1）磨煤机运行润滑油油压低。

（2）磨煤机出口门全关。

（3）磨煤机出口温度高。

（4）磨煤机一次风量低。

（5）磨煤机密封风与一次风压差低。

（6）磨煤机轴承温度高。

（7）磨煤机运行中失去火焰检测信号。

（8）磨煤机电动机绕组温度高。

（9）磨煤机电动机保护动作。

2-46　什么是直吹式制粉系统？有哪几种类型？

（1）磨煤机磨出的煤粉，不经中间停留，而被直接吹送到炉膛去燃烧的制粉系统，称直吹式制粉系统。直吹式制粉系统大多配用中速磨煤机或高速磨煤机。

（2）根据排粉机安装位置的不同，直吹式制粉系统可分为正压系统与负压系统两种类型。

2-47　制粉系统防爆门的作用是什么？哪些部位需装设防爆门？

制粉系统中发生煤粉自燃，会迅速引起爆炸，其爆炸压力可达245kPa左右。装设防爆门的作用是，制粉系统一旦发生爆炸，防爆门首先破裂，气体由防爆门排往大气，使系统泄压，防止损坏设备，保障人身安全。

防爆门应装在磨煤机进出口管道和粗粉分离器、细粉分离器及其出口管道上，以及煤粉仓、螺旋输粉机、排粉机前等处。

2-48　磨煤机启动条件有哪些？

（1）无检修工作票。

（2）磨煤机及各附属部件齐全完整，连接牢固，其周围无杂物。

（3）润滑油系统投入，油温、油压、油位、油质正常。

（4）轴承冷却水投入，冷却水量适当。

（5）电动机绝缘良好，接地线已连好。

（6）与之有关的风门和挡板位置正确，开关灵活。

（7）各表计投入，保护完好。

（8）各设备电源正常。

(9) 点火能量满足。

(10) 一次风量合适。

(11) 任意一次风机运行。

(12) 主燃料跳闸（Main Fule Trip，MFT）已复位。

(13) 火焰检测无故障。

(14) 磨煤机入口快关风门、所有出口门打开。

(15) 磨煤机润滑油站高速油泵运行。

(16) 齿轮箱进油压力合适。

(17) 磨煤机密封风与一次风压差正常。

(18) 磨煤机防爆蒸汽电动门已关。

(19) 磨煤机出口温度正常。

(20) 任意密封风机运行。

(21) 磨煤机上排渣门已开。

(22) 磨煤机电动机前、后轴承温度及电动机绕组温度正常。

(23) 磨煤机推力轴承油槽油温正常。

2-49　简述直吹式制粉系统的启动程序。

以具有热一次风机正压直吹式制粉系统为例，其原则性启动程序如下：

(1) 启动密封风机，调整风压至规定值，开启待启动的磨煤机入口密封风门，调整密封风压正常。

(2) 启动润滑油泵，调整好各轴承油量及油压。

(3) 启动一次风机，开启磨煤机入口热风挡板、出口挡板、入口快关门进行暖磨，使磨煤机出口温度上升至规定值。

(4) 启动磨煤机、给煤机。

(5) 制粉系统运行稳定后投入自动。

2-50　简述直吹式制粉系统的停止顺序。

(1) 停止给煤机，吹扫磨煤机及输粉管内余粉，并维持磨煤机温度不超过规定值。

（2）磨煤机内煤粉吹扫干净后，停止磨煤机。

（3）检查磨煤机出口挡板、入口快关门是否联锁关闭。

（4）关闭磨煤机密封风门。

（5）停止润滑油泵。

2-51　制粉系统为何在启动、停止或断煤时易发生爆炸？

煤粉爆炸的基本条件是合适的煤粉浓度、较高的温度或火源以及有空气扰动等。

（1）制粉系统在启动与停止过程中，磨煤机出口温度不易控制，易因超温而使煤粉爆炸；运行过程中因断煤而处理又不及时，使磨煤机出口温度过高而引起爆炸。

（2）在启动或停止过程中，磨煤机内煤量较少，研磨部件金属直接发生撞击和摩擦，易产生火星而引起煤粉爆炸。

（3）制粉系统中，如果有积粉自燃，启动时由于气流扰动，也可能引起煤粉爆炸。

（4）制粉浓度是产生爆炸的重要因素之一，在停止过程中，风粉浓度会发生变化，当具备合适浓度又有产生火源的条件时，也可能发生煤粉爆炸。

2-52　磨煤机断煤现象有哪些？

（1）给煤机电流减小，转速升高或者电流增大，转速减小。

（2）磨煤机运行电流大幅度下降。

（3）磨煤机热风调节挡板关小，冷风调节挡板开大。

（4）机组负荷下降。

（5）磨煤机出口温度升高。

（6）磨煤机振动大。

2-53　磨煤机停止运行时为什么必须抽净余粉？

停止制粉系统时，当给煤机停止给煤后，要求磨煤机、排粉机再运行一段时间方可停运，以便抽净磨煤机内余粉。这是因为磨煤机停止后，如果还残余有煤粉，煤粉就会慢慢氧化升温，最后会引起自燃爆炸。另外，磨煤机停止后还有煤粉存在，下次启动磨煤机，必须是带负荷启动，本来电动机启动电流就较大，这样会使启动电流更大，特别是中速磨煤机，这种现象会更明显些。

2-54 锅炉停用时间较长时为什么必须把原煤仓的原煤用完？

锅炉停炉检修或停炉长期备用时，停炉前必须把原煤仓中的原煤用完，才能停止制粉系统运行。其主要目的是为了防止锅炉在停用期间，由于原煤的氧化升温而可能引起自燃爆炸。另外，为原煤仓、给煤机等设备的检修创造良好的工作条件。

2-55 磨煤机为什么不能长时间空转？

磨煤机在试运行时，停磨煤机抽净煤粉或启动时，都要有一段时间的空转。一般的，钢球筒式磨煤机的空转时间不得大于10min；中速磨煤机断煤情况下的空转时间一般不得大于1min。这样要求的原因是：磨煤机空转时，研磨部件金属直接发生撞击和摩擦，使金属磨损量增大；钢球与钢球发生撞击时，钢球可能碎裂，造成金属直接发生撞击与摩擦，容易产生火星，有可能成为煤粉爆炸的火源。所以，必须严格控制磨煤机的空转时间。

2-56 什么是磨煤出力与干燥出力？

（1）磨煤出力是指单位时间内，在保证一定煤粉细度的条件下，磨煤机所能磨制的原煤量。

（2）干燥出力是指单位时间内，磨煤系统能将多少原煤由最初的水分（收到基水分）干燥到煤粉水分的原煤量。

2-57 磨煤机振动大的原因有哪些？

（1）磨盘内无煤或煤量少。

（2）磨煤机堵煤。

（3）磨煤机内进木块、石块、铁块。

（4）原煤水分过大，板结成块。

（5）磨煤机内有零部件脱落。

2-58　煤粉细度是如何调节的？

煤粉细度可通过改变通风量、粗粉分离器挡板开度或转速来调节。

（1）减小通风量，可使煤粉变细；反之，煤粉将变粗。当增大通风量时，应适当关小粗粉分离器折向挡板，以防煤粉过粗。调节风量时，要注意监视磨煤机出口温度。

（2）开大粗粉分离器折向挡板开度或转速，或提高粗粉分离器出口套筒高度，可使煤粉变粗；反之，煤粉变细。

在进行上述调节的同时，必须注意对给煤量的调节。

2-59　磨煤机运行时，如原煤水分升高，应注意什么？

原煤水分升高，会使煤的输送困难，磨煤机出力下降，出口气粉混合物温度降低。因此，要特别注意监视检查，以维持制粉系统运行正常和锅炉燃烧稳定。主要应注意以下几方面：

（1）监视磨煤机出入口温度变化情况。

（2）检查给煤机落煤有无积煤、堵煤现象。

（3）加强磨煤机出入口压差及电流的监视，以判断是否有断煤或堵煤的情况。

（4）注意监视磨煤机火焰检测信号。

（5）制粉系统停止后，应打开磨煤机进口检查孔，如发现管壁有积煤，应予以铲除。

2-60　运行中煤粉仓为什么需要定期降粉？

运行中，为保证给粉机正常工作，煤粉仓应保持一定的粉位，最低粉位不得低于粉仓高度的1/3。因为粉位太低时，给粉机有可能出现煤粉自流，或一次风经给粉机冲入煤粉仓中，从而影响给粉机的正常工作。但若煤粉仓长期处于高粉位情况下，则有些部位的煤粉不流动，特别是贴壁或角落处的煤粉，可能出现煤粉“搭桥”和结块，易引起煤粉自燃，从而影响正常下粉和安全。为防止上述现象发生，要求定期将煤粉仓粉位降低，以促使各部位的煤粉都能流动，将已“搭桥”结块的煤粉塌下。一般要求至少每半月降低粉位一次，粉位降至能保持给粉机正常工作所允许的最低粉位。

2-61 磨煤机着火现象有哪些?

（1）磨煤机出口温度迅速升高。

（2）磨煤机外壁热辐射增大。

（3）打开磨煤机排渣门后有较浓的煤气味。

（4）炉膛负压波动大。

（5）严重时排渣箱烧红。

2-62 磨煤机着火原因有哪些?

（1）停磨煤机时，磨煤机内存煤未排空，积煤自燃。

（2）煤中含有易燃易爆物。

（3）外来火源引起。

（4）停磨煤机前未进行蒸汽消防。

2-63 等离子点火装置点火时的必备条件有哪些?

（1）等离子点火装置的阴极、阳极已经全部更换或者清理，确保拉弧无故障。

（2）等离子火焰检测冷却风机已启动，就地火焰检测冷却风投入。

（3）等离子载体风压力正常，为6～10kPa。

（4）等离子水泵已启动，各角冷却水压力调整到0.4～0.6MPa，各进水、回水阀门都在开位置。

（5）等离子火焰检测监控画面显示正常并且和就地实际角位置对应。

（6）检查操作屏各角信号如风压满足、水压满足、遥控位置、通信正常、整流正常等信号在投入位置。

（7）等离子磨煤机所对应的煤斗煤质符合要求。

2-64　等离子点火装置点火操作步骤有哪些？

（1）投入等离子磨煤机入口暖风器及疏水系统，暖磨。

（2）开启磨煤机入、出口挡板，调整磨煤机入口一次风压至5～7kPa，通风暖磨。

（3）调整等离子点火装置对应的二次风门开度。

（4）等离子拉弧，磨煤机运行切换到等离子模式。

（5）当磨煤机内无煤时，提前布煤约2t。

（6）启动磨煤机和给煤机，增加给煤量到25t/h。

（7）等离子点火装置将煤粉点燃后，将给煤量减到20t/h左右。若磨煤机振动，适当降低磨辊加载力；必要时适当增加给煤量。

（8）磨煤机实际进煤3min内，如等离子点火装置任意一角未点燃，应立即停止磨煤机运行，进行全炉膛吹扫，经充分通风查明原因后再重新进行点火。

（9）视燃烧状态调整二次风配风。

（10）根据锅炉升温、升压情况，调整给煤量、风量，满足锅炉启动曲线要求。

2-65　等离子点火装置点火注意事项有哪些？

（1）等离子点火装置点火初期，严格控制升温、升压速率，防止锅炉再热器干烧及受热面管壁温度超限。

（2）等离子点火装置点火初期，必须投入空气预热器连续吹灰，并及时启动除灰、除渣系统。

（3）等离子发生器运行期间，应密切监视和调整等离子筒体温度不得超过 400℃，防止超温烧毁等离子点火装置。

（4）磨煤机启动后 180s，如果等离子点火装置任一角未点燃，应立即停止磨煤机并对炉膛进行充分吹扫，查明原因后方可重新点火。

（5）磨煤机跳闸后重新恢复时必须先进行等离子拉弧，启弧成功后方可进行磨煤机通风吹扫。

（6）在一次风管未通风的情况下，等离子发生器运行时间不能超过 10min，防止烧坏等离子点火装置。

（7）等离子点火装置点火初期，必须设专人到就地检查煤粉燃烧情况，防止大量未燃烧煤粉进入炉膛爆燃。

2-66　等离子点火装置拉弧间隙如何设定？

等离子点火装置拉弧间隙过大、过小都将影响等离子发生器的稳定，拉弧间隙过大易断弧，拉弧间隙过小电弧质量差，阴极寿命会大大缩短。等离子点火装置拉弧间隙的调整分拉弧前的粗调和拉弧后的细调。

（1）拉弧前的粗调。短等离子发生器的间隙一般调到 20～30mm，长等离子发生器因为阴极杆长、惰性大，一般调至 30～40mm，有时程序的速率不一样，因而设定的间隙与实际拉弧间隙也不一样，最好在拉弧前把阴极和阳极接触上，在阳极杆上做一记号，拉弧后检查实际距离（注意不要用手接触阴极，也不要用尺子量，估计一下就可以了），一般在 30～40mm 之间为最佳。

（2）拉弧后的细调。根据拉弧后的电弧稳定性进行细调，找出最佳值。各角可以设定不同的间隙，根据电流、电压的稳定性找出最佳值、经验值，等离子发生器在拉弧时的电压一般以 290～300V 为最佳。

2-67　等离子点火装置拉弧困难、电弧不稳易断弧的原因及处理方法有哪些？

（1）阴极、阳极太脏。清理阴极、阳极。

（2）风压及拉弧间隙调整不当。调整风压至6～10kPa、拉弧间隙为30mm左右。

（3）阴极、阳极漏水。更换阴、阳极。

（4）电源柜没有做自适应优化。优化电源柜。

（5）如果阴极、阳极都没问题，风压、拉弧间隙都在最佳值内，电弧还不稳定，就要检查就地电源线是否有接地的地方。24V控制电源接地也会造成电弧不稳，接地部分一般在电源柜的风扇、拉弧电动机、就地线路破损及控制变压器部位，应分别断开检查。

2-68　等离子点火装置点火时如何防止炉膛爆炸？

（1）等离子点火装置投入前，必须进行一次风管风速的调平。

（2）调节磨煤机出口分离器开度，适当控制煤粉细度。

（3）初始投入煤量应尽可能满足点火最佳浓度的要求，点燃以后再将投入煤量适当降低，以满足启动曲线的要求。

（4）点火初期因含粉气流浓度较低，一次风管路堵粉的可能较小，一次风速度可控制在18m/s以下，并适当提高点火功率，待点燃后再适当提高一次风速，降低点火功率。

（5）对于旋流燃烧器，等离子点火装置投运前，内、外二次风应关小，着火稳定后，视燃烧火焰的情况，再逐步开大。

（6）对于低灰熔融特性、易于着火的煤种，为了避免等离子点火装置结渣，可适当提高一次风速，但不可过高，防止燃烧效率下降较多，飞灰可燃物大幅度增加。

（7）磨煤机启动后180s，如果等离子点火装置任一角未点燃，则应立即停止磨煤机并对炉膛进行充分吹扫，查明原因后方可重新点火。

（8）等离子点火装置着火后，应加强炉内燃烧状况的监视，实地观察炉膛燃烧情况，火焰应明亮，燃烧充分，火焰监视器显示燃烧正常。如发现炉内燃烧恶化，炉膛负压波动大，则应迅速调节一、二次风量及给煤量来调整燃烧。如效果不佳，则应投入油枪助燃。若燃烧状况仍不好，则应立即停止相应等离子点火装置的给煤或给粉，必要时停止等离子发生器，经充分通风、查明原因后再行投入。

（9）锅炉 MFT 时，所有等离子发生器跳闸，并禁止启动。

2-69 锅炉静电除尘器有何优点？

（1）除尘效率高。

（2）阻力小。

（3）能耗低。

（4）处理烟气量大。

（5）耐高温。

2-70 影响电除尘器性能的主要因素有哪些？

（1）烟气性质。主要包括烟气温度、压力、成分、湿度、流速和含尘浓度。

（2）粉尘特性。主要包括粉尘的比电阻、粒径分布、堆积密度、黏附性等。

（3）结构因素。包括电晕线的几何形状、直径、数量和收尘极的形式、极板断面形状、极板间距、极板面积，以及电场数、电场长度、振打方式、气流分布装置、灰斗形式和电除尘器的安装质量等。

（4）运行因素。包括漏风率、气流短路、粉尘二次飞扬等。

2-71 制粉系统漏风过程对锅炉有何危害？

制粉系统漏风，会使进入磨煤机的热风量减少，从而使磨煤机出力下降，磨煤电耗增大。漏入系统的冷风，最后是要进入炉膛的，结果使炉内温度水平下降，辐射传热量降低，对流传热比例增大，从而使燃烧的稳定性变差。由于冷风通过制粉系统进入炉内，因此在总风量不变的情况下，经过空气预热器的空气量将减小，结果会使排烟温度升高，锅炉热效率下降。

2-72　简述监视磨煤机电流值的意义。

磨煤机的电流值在一定程度上可反映磨煤机的出力情况，电流过大，表示磨煤机给煤量过多，此时应调整给煤量至电流指示稳定为止。磨煤机电流明显下降，表示磨煤机堵煤，应减小给煤量或暂时停止给煤机，直到电流恢复正常后再增大给煤量或启动给煤机。磨煤机电流忽大忽小大幅度波动且伴有明显的异常声音，表征磨煤机内部故障，应及时停止磨煤机运行。

2-73　制粉系统启动前应进行哪些方面的检查与准备工作？

（1）设备检查。设备周围应无积存的粉尘、杂物；各处无积粉自燃现象；所有挡板应动作灵活，人孔门关闭严密；灭火装置处于备用状态。

（2）转动机械检查。所有转动机械处于随时可以启动的状态；润滑油系统油质良好，温度符合要求，油量合适，冷却水畅通。转动机械在检修后均进行过分部试运转。

（3）原煤仓中备用足够的原煤。

（4）电气设备、热工仪表及自动装置均具备启动条件。如果检修后启动，还需做拉合闸试验、事故按钮试验、联锁装置试验等。

2-74　运行过程中怎样判断磨煤机内煤量的多少？

运行过程中，如果磨煤机出入口压差增大，说明存煤量大；反之，存煤量少。磨煤机出口温度下降，说明煤量多；温度上升，说明煤量减少。磨煤机电流升高，说明煤量多（但满煤时除外）；电流减小，说明煤量少。还可根据磨煤机运行中的声音判断煤量的多少：声音小、沉闷，说明磨煤机内煤量多；如果声音大，并有明显的金属撞击声，则说明煤量少。

2-75　为什么中速磨煤机堵煤后期电流反而会减小？

因为在磨煤机堵煤后期，煤粉在磨煤机磨盘和磨辊之间大量积存，磨煤机此时的运转已经不需要克服把煤粒研磨成煤粉的阻力，所以电流会减小。

2-76　正压直吹式制粉系统为什么需要装设密封风系统？

正压直吹式制粉系统由于采用正压的工作方式，为防止热风及煤粉从磨煤机的动静部件之间的间隙处逸向大气或污染磨煤机轴承润滑，需装设专门的密封风系统。

2-77　给煤机密封风的作用是什么？

对于正压制粉系统，磨煤机内处于正压状态，为防止磨煤机中的热风倒流入给煤机中，给煤机设置有以冷一次风为密封介质的密封风系统，在给煤机机壳进煤口的下方，设有密封风法兰接口，密封风管上的法兰与它相连，密封风就由此进入给煤机内，密封风的压力略高于磨煤机进口处的热风压力。密封风量则为通过落煤管泄漏至原煤斗的空气量以及形成给煤机与磨煤机进口处之间压力差所需的空气量之和。密封风的压力过低，会导致热风从磨煤机流入给煤机内，使煤易积滞在门框或其他凸出部分，从而导致积粉自燃。密封风量过小，就不能维持给煤机机壳内所需的压力。密封风的压力过高或密封风量过大，易将煤粒从皮带上吹落，飞扬的煤尘还会沾污观察窗，影响正常的观察。

2-78　给煤机常发生哪些故障？

（1）给煤机断煤。

（2）轴承发热。

（3）减速机振动大。

（4）联轴器损坏。

（5）过电流。

（6）托煤、堵煤。

（7）皮带着火。

（8）变频器故障。

2-79　电子称重给煤机中链式清理刮板的作用是什么？

为了能及时清除沉落在给煤机机壳底部的积煤，防止发生积煤自燃，在给煤机皮带机构下面设置了链式清理刮板机构，作为清理机壳底部积煤之用。链式清理刮板机构由驱动链轮、张紧链轮、链条及刮板等组成。刮板、链条由电动机通过减速机带动链轮而移动，链条上的刮板将给煤机底部积煤刮到给煤机出口排出。机壳底部的积煤包括以下几部分：皮带刮板刮落下来的煤，空气中沉降的煤粉尘，从皮带从动轮清扫下来的煤，调节不当的密封风从皮带上吹落下来的煤中的部分沉积在机壳底部。链式清理刮板应该投入连续运转，采用这样的运行方式可以使机壳内积煤量减少，同时由于这些煤是不经过称量装置而进入给煤机的，因此可以减少给煤称量的误差；此外，连续的清理还可以防止链销黏结和生锈。链式清理刮板的减速机为圆柱齿轮及蜗轮减速，清理刮板机构除电动机采用电气过载保护外，在蜗轮和蜗轮轴之间还设有剪切机构，当机械过载时，剪切销自动被剪短，使蜗轮与蜗杆脱开，同时带动限位开关使电动机停止，并发出报警信号。

2-80　磨煤机暖磨时的注意事项有哪些？

（1）暖磨期间，应关注磨煤机出口CO浓度的指示值，防止磨煤机暖磨期间发生着火爆破事故。

（2）控制暖磨时间为10min左右，分离器出口温度略高于75℃（对于烟煤）。

（3）磨煤机冷热风挡板的开度应无异常，一次风系统的风压应处于允许值的范围内。

2-81 磨煤机风煤比的大小有什么意义？

磨煤机风煤比意味着对于一种类型的磨煤机携带单位质量的煤粉所需的一次风量。从一次风的作用角度来看，一次风的作用在于专门用来携带煤粉，所以携带单位质量的煤粉所耗用的一次风量越大，意味着一次风机电耗越大，也即风煤比越高，系统越不经济。但风煤比太小，磨煤机及出口粉管容易堵煤，甚至引起磨煤机失去火焰检测信号而跳闸。所以，磨煤机必须设置合适的风煤比。

2-82 磨煤机一次风压差对于磨煤机运行控制有什么意义？一次风压差产生的原因是什么？

（1）磨煤机一次风压差对于磨煤机运行控制的意义如下：

1）一次风压差表征制粉系统主系统的通畅情况。

2）控制一次风压差是保证煤粉在磨煤机筒体及粉管内流速的前提条件。

3）磨煤机一次风压差的大小决定煤粉进入炉膛之后的着火提前和滞后。

（2）产生一次风压差的原因：一次风经过磨煤机系统将煤粉从磨煤机筒体内携带出，从磨煤机筒体到分离器本身就有一定的高度差，一次风携带煤粉的过程中对煤粉做功，将一次风压能中的一部分转换为煤粉的势能及流动的动能，这样将煤粉携带出磨煤机的一次风粉混合物相对于磨煤机入口的一次风产生压差；此外，磨煤机端部及分离器折向挡板等部位对一次风粉混合物造成节流也会使一次风产生一定的压降。

2-83 正常运行中监视给煤机电流的意义是什么？

（1）结合给煤量的指示判断给煤机回转部件的运行状态。

（2）通过给煤机转速判断重力称量回路的准确度。

（3）判断给煤机主电动机电气回路有无异常。

2-84　简述火焰检测系统的主要作用。

火焰检测系统的主要作用是，在正常运行时用来随时检测煤粉火焰燃烧的稳定性情况，以备在一旦产生熄火就切断煤粉气流的入炉，防止爆燃的发生。另外，在点火不成功时，也能及时切断油流，防止因炉内储积燃料而引起爆燃，确保点火的安全。

2-85　空气压缩机排气温度高的原因有哪些？

空气压缩机排气温度高的原因有润滑油量不足、冷却水量不足、冷却水温度过高、油冷却器堵塞、润滑油质不合格、控制阀故障、空气滤清器不清洁、油过滤器堵塞。

第三章

燃料特性

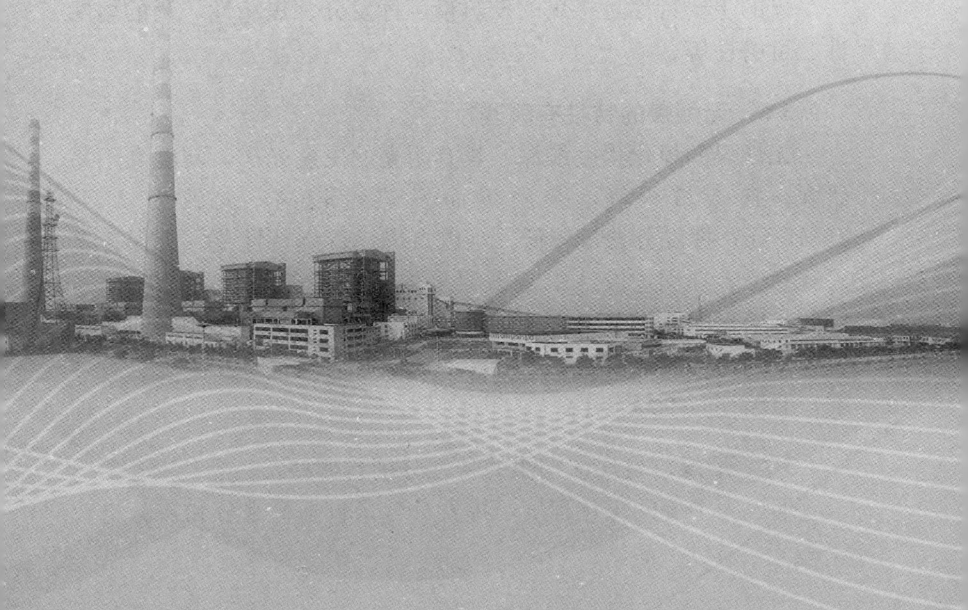

3-1 煤的成分分析有哪几种？

煤的成分分析有煤的工业分析和煤的元素分析两种。

煤的工业分析有水分、挥发分、固定碳、灰分。

煤的元素分析有碳、氢、氧、氮、硫、灰分、水分。

3-2 什么是高位发热量？什么是低位发热量？

高位发热量是指1kg燃料完全燃烧而形成的水蒸气未凝结成水时燃料放出的热量。

低位发热量是指1kg燃料燃烧释放出来的热量扣除其中水分的汽化潜热。

3-3 什么是标准煤？

将收到基低位发热量为29300kJ/kg的原煤定义为标准煤。

3-4 煤粉品质的主要指标是什么？

煤粉品质的主要指标是煤粉细度、均匀性和水分。

3-5 煤的主要特性是指什么？

煤的主要特性是指煤的发热量、挥发分、焦结性、灰的熔融性、可磨性等。

3-6 无烟煤的特性有哪些？

无烟煤的煤化程度最深，具有明亮的黑色光泽，硬度高不易研磨；含碳量很高，杂质少而发热量较高，大致为21～25MJ/kg；挥发分含量较低，难以点燃，燃烧特性差。为保证着火和稳燃，在锅炉设计中常需要采取一些特殊措施（W型炉），对低灰熔点的无烟煤还必须同时解决着火稳定性和结渣之间的矛盾。无烟煤的着火需要较高温度，燃烧时火焰较短，燃尽也较困难，但储存时不易自燃。

3-7 烟煤、贫煤、褐煤的特性分别有哪些？

烟煤为中等的煤化程度，挥发分含量较高；水分和灰分也较少，发热量高；燃点低，容易着火和燃尽；但某些含灰量较高的劣质烟煤燃烧特性较差，对挥发分超过25%的烟煤，储存时应防止其自燃，制粉系统应考虑防爆措施，对劣质烟煤还应考虑受热面积灰、结渣和磨损问题。

贫煤的挥发分含量稍高于无烟煤，其着火、燃尽特性优于无烟煤，但仍属于燃烧特性差的煤种。

褐煤外观呈褐色，少数为黑褐色甚至黑色，挥发分含量较高，有利于着火，但其灰分和水分较高，发热量低，一般小于16750kJ/kg；含水分较高的年轻褐煤燃烧性能较差，而且灰熔点较低；褐煤的化学反应性强，在空气中存放易风化成碎块，容易发生自燃。

3-8 煤粉细度指的是什么？煤粉的经济细度是怎样确定的？与哪些因素有关？

煤粉细度是指煤粉经过专用筛子筛分后，残留在筛子上面的煤粉质量占筛分前煤粉总量的百分值，用 R 表示，其值越大，表示煤粉越粗。

煤粉细度是衡量煤粉品质的重要指标。从燃烧角度出发，希望煤粉磨得细些，以利于燃料的着火与完全燃烧，减少机械不完全燃烧热损失，又可适当减少送风量，降低排烟热损失。从制粉角度出发，希望煤粉磨得粗些，可降低制粉电耗。所以，选取煤粉细度时，应将上述两方面损失之和为最小时的煤粉细度作为经济细度。经济细度应依据燃料性质和制粉设备形式，通过燃烧调整试验来确定。

影响煤粉经济细度的主要因素是煤的挥发分、煤粉的均匀性和燃烧特性、磨煤机及分离器的性能。

3-9 煤的挥发分对锅炉燃烧有何影响？

挥发分高的煤易于着火，燃烧比较稳定，而且燃烧完全，因此磨制的煤粉可以粗些，缺点是易于爆燃。挥发分低、含碳量高的煤，不易着火和燃烧，因此磨制的煤粉细度要求细些。

3-10 煤中灰分增加对锅炉运行有何影响？

（1）可燃成分下降，低位发热量下降。

（2）煤粉的燃尽度下降，固体未完全燃烧热损失增加。

（3）灰渣物理热损失增加。

（4）燃烧稳定性变差。

（5）受热面的污染和磨损加重。

（6）结焦及过热器超温。

（7）尾部受热面的污染会导致排烟温度升高。

3-11 煤中水分增加对锅炉燃烧有何影响？

（1）水分增加使低位发热量下降。

（2）燃烧温度下降。

（3）燃烧不稳定。

（4）煤粉的燃尽度下降。

（5）锅炉运行的安全性和经济性下降。

（6）水蒸气可以提高火焰的黑度，增加辐射放热强度。

（7）排烟量增加，排烟温度上升，排烟损失增加。

（8）引风机电耗增加。

3-12 灰分状态变化有几种温度指标？

（1）变形温度。

（2）软化温度。

（3）熔化温度。

（4）流动温度。

3-13 什么叫煤的可磨性系数？

煤的可磨性系数指，单位质量处于风干状态的标准煤与试验煤样，以相同的入磨煤炭颗粒度在相同的磨制设备中，磨制到相同的煤粉细度所消耗的能量之比，即

$$K_{Ga} = \frac{E_0}{E}$$

式中　K_{Ga}——可磨性系数。

3-14　煤粉迅速而又完全燃烧的条件是什么？

（1）要供给足够的空气量。

（2）炉内维持足够高的温度。

（3）燃料和空气的良好混合。

（4）足够的燃烧时间。

3-15　煤粉自燃的条件是什么？

（1）存放时间长充分氧化生热，热量不能被带走。

（2）原煤挥发分大容易析出。

（3）煤粉在磨制过程中过干燥。

（4）煤粉存放的周围环境温度高。

3-16　煤粉在什么情况下易爆炸？

（1）气粉混合物的浓度为0.3～0.6kg/m^{3}时最容易爆炸，超出这个范围则爆炸可能性下降。

（2）气粉混合物的含氧浓度过高，爆炸的可能性就大。

（3）煤粉越细，粉粒与氧接触面积越大，爆炸的可能性越大。

（4）气粉混合物的温度高，就会急剧加速氧化，爆炸的可能性就大。

（5）煤粉过干燥、水分小、挥发分大，爆炸的可能性就大，挥发分小于10％的煤粉不会引起爆炸。

（6）制粉系统内部有积粉着火，有可能发生爆炸。

（7）原煤中有引爆物进入磨煤机引起爆炸。

3-17　煤在露天长期存放时，煤质会发生什么变化？

（1）发热量降低。

（2）挥发分变化。对变质程度高的煤，挥发分有所增多；对变质程度低的煤，挥发分则有所减少。

（3）灰分增加。煤受氧化后有机物质减少，导致灰分相对增加。

（4）元素变化。碳和氢含量一般降低，氧含量迅速增高，而硫酸盐含量也有所增高，特别是含黄铁矿硫多的煤，因为煤中黄铁矿易受氧化而变成硫酸盐。

（5）硬度降低。一般煤受氧化后，硬度有所下降，且随着氧化程度的加深，最终变成粉末状。

3-18　煤种变化对锅炉运行有何影响？

（1）水分的影响。水分的存在不仅使煤中可燃物含量相对减少，导致炉膛温度降低，煤粉着火困难，排烟量增大，还会增加制粉系统的堵塞几率。

（2）灰分的影响。灰分大，燃烧不稳定，受热面磨损几率增加，除灰、除渣困难。

（3）挥发分的影响。挥发分高的煤易着火，且储存比较困难。

（4）硫分的影响。燃用高硫煤，容易引起锅炉高低温受热面的腐蚀，特别是低温段空气预热器腐蚀比较突出，同时还会增加脱硫系统出力。

3-19　煤粉的自燃与爆炸有什么区别？

煤粉的自燃与爆炸都属于燃烧现象，都是氧化反应，所需条件大致相同，但前者比较缓慢，并从局部蔓延，后者迅猛并在整个范围内同时进行；前者在堆积状态下进行，后者需在悬浮状态下才能发生，所以制粉系统的爆炸都是在运行中发生的。

3-20　油的主要物理特性有哪些？

油的物理特性有黏度、凝固点、闪点、燃点、密度。

3-21　什么叫燃油的闪点、燃点、凝固点？

对轻油加热，则其表面产生油气，如有火焰移近，则在液体表面产生短暂的蓝色火焰；移开火焰，则蓝色火焰消失，此温度称为轻油的闪点。

燃油加热到一定温度时，表面油气分子趋于饱和，与空气混合，且有明火接近时即可着火，并保持连续燃烧，此时的温度称为燃点或着火点。油的燃点一般要比闪点高20～30℃。

凝固点是表示油品流动性的重要指标。柴油在温度降低到一定数值时会失去流动性，将盛油的试管倾斜45°，油面在1min内仍保持不变时的温度即为此油的凝固点。凝固点的高低与油中石蜡含量有关，石蜡含量少，凝固点低；石蜡含量高，凝固点高。

3-22 什么是燃油的机械雾化和蒸汽雾化？

具有一定压力的油首先流经分流片上的若干个小孔，汇集到一个环形槽中，然后经过旋流片上的切向槽进入中心旋涡室，分流片起均布进入各切向槽油流量的作用。切向槽与旋涡室使油压转变为旋转动量，获得相应的旋转强度，强烈旋转着的油流在流经雾化片中心孔出口处时，在离心力作用下克服油的表面张力，被撕裂成油雾状液滴，并形成具有一定扩散角的圆锥状雾化炬。在机械雾化喷嘴中，雾化油滴粒径取决于当时的油黏度、油压或是它能在油喷嘴中所获得旋转强度。

蒸汽雾化是利用油与雾化蒸汽在喷嘴中进行内混，以及这一混合物在喷嘴出口端的压力降、体积膨胀，使油被碎裂成雾滴。蒸汽雾化取决于雾化蒸汽量及雾化蒸汽参数（温度、压力）。

3-23 油燃烧过程可分为哪几个阶段？

（1）点火前准备阶段。

（2）点燃阶段。

（3）燃烧阶段。

（4）燃尽阶段。

3-24 燃油系统的作用是什么？燃油燃烧有哪些特点？

燃油系统的主要作用是，大型燃煤锅炉在启停和非正常运行的过程中，用来点燃着火点相对较高的煤，以及在低负荷或燃用劣质煤时造成锅炉的燃烧不稳，会直接影响整个机组的稳定运行，这时也会利用燃油来进行助燃，使锅炉的燃烧得到稳定。

油是一种液体燃料，液体燃料的沸点低于它的着火点，它总是先蒸发而后着火。所以，液体燃料的燃烧，总是在蒸汽状态下进行的，也就是说，实质上直接参加燃烧的不是液体状态下的“油”，而是气体状态下的“油气”。这是所有液体燃料燃烧的共同特点。

3-25 燃油系统为什么要设立吹扫系统？它们是如何运行的？

在燃油系统的投运和退出以及长时间停运的过程中，为了防止油管道中集聚水和油杂质，造成油管路的堵塞或油枪投运后的燃烧情况不好，在燃油系统中加装了一套蒸汽吹扫装置。

吹扫主要分两部分，即管路吹扫和油枪吹扫。油枪吹扫主要是油枪投运前要对油枪进行水和油污的吹扫，油枪退出后，油枪吹扫主要是对油枪中的残油进行吹扫。油管路吹扫主要是对管路中油的沉淀物进行定期吹扫，防止长期集聚造成油管路的堵塞。

3-26 油枪正常运行时的检查项目有哪些？

（1）油枪处于良好的运行或备用状态。

（2）停运油枪应在完全退出位置，且无弯曲现象。

（3）检查油枪和炉前油系统无漏油现象。

3-27 燃油在燃烧前为什么要进行雾化？

燃料油油滴的燃烧必须在油气和空气的混合状态下进行，其燃烧速度取决于油滴的蒸发速度及油气和空气的混合速度。油滴的蒸发速度与直径大小和温度有关，直径越小、温度越高、蒸发越快。另外，直径小增加了与空气接触总表面积，有利于混合和燃烧的进行。所以，燃油在燃烧前必须进行雾化，使燃油喷入炉膛之后能迅速加热蒸发，充分燃烧。

3-28　燃油设备为什么都需要有可靠的接地？

燃油是不良导体，在与空气、钢铁、布料等发生摩擦时，会产生静电，静电荷在油面上积集，能产生很高的电压，一旦放电，就会产生火花，从而有可能引起油的燃烧与爆炸。为了防止事故发生，所有储油、输油管线和设备都必须有可靠的接地。

3-29　油枪雾化性能的好坏从哪几个方面判断？

（1）油枪雾化的好坏，可从雾化细度、均匀度、扩散角、射程和流量密度等方面来判断。

（2）雾化质量好的油滴小而均匀，射程应根据炉膛断面来调整，流量密度分布也应均匀。

3-30　燃油的强化燃烧有何措施？

燃油入炉前应事先加热，加热所达到的温度，视燃油的种类和特性而定，油温提高以后，便于油的输送和雾化；必须提高燃油的雾化质量，使油滴颗粒小而均匀，便于蒸发，有利于和空气的充分混合；还应注意雾化角的大小，应能根据燃料油的特性适当进行调节；雾化炬的流量密度分布应尽可能地均匀；加强油雾与空气的混合，混合越强烈越好；根部送风要及时。

3-31　锅炉 MFT 后，对燃油系统应进行哪些检查？

检查进油跳闸阀、回油跳闸阀、所有油角阀是否关闭，否则手动关闭。正在运行的油燃烧器自动退出，且不进行吹扫。如果长时间不能恢复点火，为防止燃油漏入炉膛引起爆燃，则应关闭各油角阀手动阀。

3-32　燃油中的灰分对锅炉有什么危害?

(1) 灰分对油喷嘴产生磨损，影响雾化质量。

(2) 燃油中的灰分含有钒、钠等碱金属元素，会在水冷壁、过热器、再热器等高温受热面管上形成高温黏结灰。

(3) 在燃油锅炉的高温积灰中，有较多的五氧化二钒及由钠形成含硫酸的复盐，它们都能破坏金属表面的氧化保护膜，从而在过热器和再热器上发生高温腐蚀。

(4) 燃油中的灰分在低温受热面上沉积，除使受热面低温腐蚀加剧外，还有可能堵塞空气预热器管，严重时会因通风阻力大、风量不足而影响锅炉出力。

第四章

运行调整

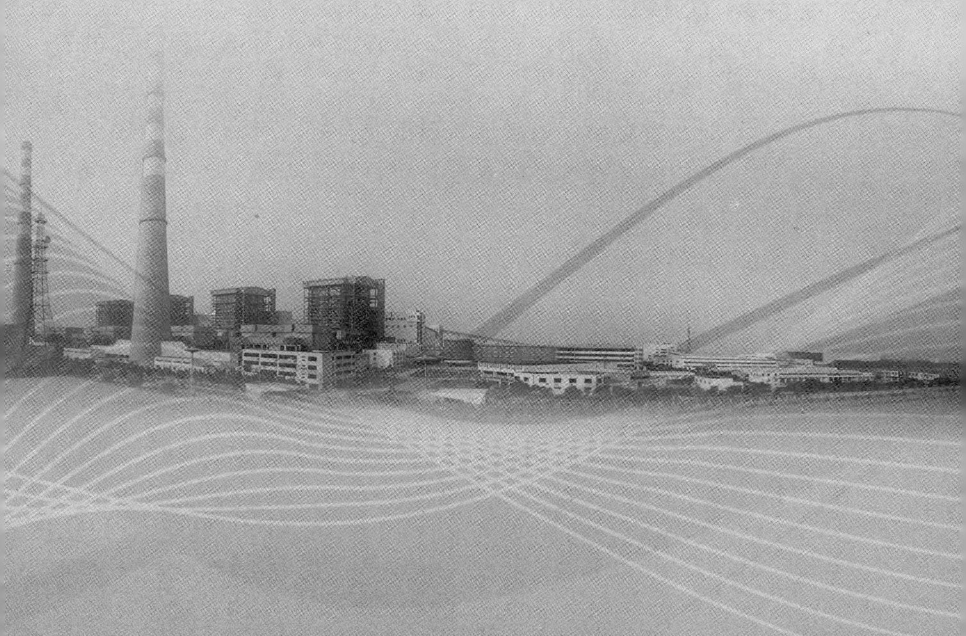

4-1　锅炉炉内燃烧过程中出现的问题有哪些?

（1）受热面积灰、结渣。

（2）受热面金属表面的高温腐蚀。

（3）受热面磨损。

（4）蒸发受热面中水动力的安全性。

（5）二氧化硫和氮氧化物等污染物的生成。

（6）火焰在炉膛容积中的充满程度。

4-2　何谓直流燃烧器？简述直流燃烧器的工作原理。

旋流燃烧器喷口中气流的切向旋转速度分量为零时的气流即为直流射流，相应的燃烧器称为直流燃烧器。在布置有直流燃烧器的锅炉中，一般都将燃烧器布置在炉膛四角，这样当四股一次风气流到达炉膛中心位置时，形成一个旋转切圆，且随着引、送风气流的取向，产生自下而上、旋涡状燃烧气流，同时四股一次风气流冲向下游一次风火嘴，有利于煤粉着火。

4-3　直流燃烧器的特性有哪些?

（1）不旋转，射流扩展角小，卷吸能力小，单只燃烧器的着火性能差，炉膛充满度差。

（2）射流衰减慢，射程远，后期混合好，有利于煤粉燃尽。

（3）采用四角布置，相互配合时，相互点燃，着火好，混合强烈。

（4）多层布置。

4-4　切圆燃烧锅炉的切圆直径大有何优点？有何缺点?

当切圆燃烧锅炉的切圆直径大时，上游邻角火焰向下游煤粉气流的根部靠近，煤粉的着火条件较好，这时炉内气流旋转强烈，气流扰动大，使后期燃烧阶段可燃物与空气流的混合加强，有利于煤粉燃尽。

当切圆燃烧锅炉的切圆直径过大时，火焰容易贴墙，引起结渣；着火过于靠近喷口，容易烧坏喷口；火焰旋转强烈时，产生的旋转动量矩大，同时因为高温火焰的黏度很大，到达炉膛出口处，残余旋转较大，这将使炉膛出口烟气温度分布不均匀程度加大，因而既容易引起较大的热偏差，也可能导致过热器结渣或超温。

4-5 对于采用旋流燃烧器的锅炉，其顶部燃尽风有何特点？

对于采用旋流燃烧器的锅炉，其顶部燃尽风采用优化双气流结构和布置形式，风口包含三股独立的气流，即直流一次风、旋流二次风和旋流三次风。中央部位的气流是非旋转的气流，它直接穿透进入炉膛中心；外圈气流是旋转气流，可以和靠近炉膛水冷壁的上升烟气进行混合。这样的挡板设置，可通过燃烧调整措施，使燃尽风沿炉膛宽度和深度同烟气充分混合，既可保证水冷壁区域呈氧化性特性，防止结渣，又可保证炉膛中心不缺氧，提高燃烧效率。

4-6 如何保证每个燃烧器配风均匀？

为了使每个燃烧器的空气分配均匀，在燃烧器区域设有大风箱。大风箱被分隔成单个风室，每个燃烧器一个风室。大风箱对称布置于左右墙，设计入口风速较低，可以视为一个静压风箱，风箱内风量的分配取决于燃烧器自身结构特点及其风门开度，这样就可以保证燃烧器在相同状态下自然得到相同的风量，利于燃烧器配风均匀。

4-7 旋流燃烧器的工作原理是什么？

各种形式的旋流燃烧器均由圆形喷口组成，并装有不同形式的旋转射流发生器。当有风粉混合物（一次风）或热空气通过时，在旋流器的作用下发生旋转，产生旋转射流，在喷口附近形成有利于风粉早期混合的烟气回流区。

4-8 简述煤粉的燃烧过程。

煤粉颗粒受热之后，首先析出水分，接着分解出挥发分，当温度足够高时，挥发分开始燃烧，同时将燃烧产生的热量加热煤粉。随着煤粉温度的升高，挥发分进一步得到释放，但由于剩余焦炭的温度还很低，同时释放出的挥发分阻碍了氧气向焦炭的扩散，故此时焦炭未燃烧；当挥发分释放完毕且与其他燃烧产物一起被空气流带走后，焦炭开始燃烧，此时保持不断地供氧，燃烧将进行到炭粒完全烧尽为止。

4-9　为什么说煤的燃烧过程以碳燃烧为基础？

（1）碳是煤中的主要可燃物质。

（2）焦炭（以碳为主要可燃物）着火最晚、燃烧最迟，其燃烧过程是整个燃烧过程中的最长阶段，故它的燃烧过程决定着整个粒子的燃烧时间。

（3）焦炭中碳的含量大，其总的发热量占全部发热量的40％～90％，它的发展对其他阶段的进行有着决定性的影响。因此，煤的燃烧过程是以碳的燃烧为基础的。

4-10　强化煤粉的燃烧措施有哪些？

（1）提高热风温度。

（2）提高一次风温度。

（3）控制好一、二次风的混合时间。

（4）选择适当的一次风速。

（5）选择适当的煤粉细度。

（6）着火区保持高温。

（7）强化着火阶段的同时必须强化燃烧阶段本身。

4-11　燃料在炉膛内燃烧会产生哪些问题？

（1）受热面的积灰和结焦。

（2）污染物如氧化氮（NO_x）等的生成。

（3）受热面外壁的高温腐蚀。

（4）蒸发段水动力工况的安全性。

（5）火焰在炉膛内的充满程度。

4-12 燃烧煤粉对炉膛的要求有哪些？

燃烧煤粉对炉膛的要求有：创造良好的着火、稳燃条件，并使燃料在炉内完全燃尽；将烟气冷却至煤灰的熔点温度以下，保证炉膛内所有的受热面不结渣；布置足够的蒸发受热面，并不发生传热恶化；尽可能减少污染物的生成量；对煤质和负荷变化有较宽的适应性能以及连续运行的可靠性。

4-13 煤粉细度及煤粉均匀性对燃烧有何影响？

（1）煤粉越细、越均匀，煤粉总的表面积越大，挥发分越容易尽快析出，有利于着火和燃烧，降低排烟、化学、机械不完全燃烧热损失，提高锅炉效率；但煤粉过细，则炉膛容易结焦。

（2）煤粉越粗、越不均匀，不仅不利于着火，燃烧时间延长，燃烧不稳，火焰中心上移，烟气温度升高，增加机械不完全燃烧和排烟损失，降低锅炉效率，还增加受热面磨损程度。

4-14 锅炉烧劣质煤时应采取的稳燃措施有哪些？

（1）控制一次风量，适当降低一次风速，提高一次风温。

（2）合理使用二次风，控制适当的过量空气系数。

（3）根据燃煤情况，适当提高磨煤机出口温度及煤粉细度，控制制粉系统的台数。

（4）尽可能提高给粉机或给煤机转速，燃烧器集中使用，保证一定的煤粉浓度。

（5）避免低负荷运行，当低负荷运行时，可采用滑压方式，控制好负荷变化率。

（6）燃烧恶化时及时投油助燃。

（7）采用新型稳燃燃烧器。

4-15 燃用低挥发分煤时应如何防止灭火？

燃用低挥发分煤时，为防止灭火，运行过程中应注意以下几个方面：

（1）锅炉不应在太低负荷下运行，以免因炉温下降而使燃料着火更困难。

（2）适当提高煤粉细度，使其易于着火并迅速完全燃烧，对维持锅炉内温度有利。

（3）适当减小过量空气系数，并适当减小一次风风率和风速，防止着火点远离喷口而出现脱火。

（4）燃烧器应均匀投入，各燃烧器负荷也应力求均匀，使锅炉内维持良好的空气动力场与温度场，必要时，应投入点火油枪来稳定燃烧。

（5）负荷变化时需进行燃煤量、引风量、送风量调节，以及投、停燃烧器时应均匀缓慢地进行操作。

（6）改造燃烧器，如加装预燃室或改用浓淡型燃烧器等。

4-16 直吹式制粉系统对锅炉燃烧有哪些影响？

（1）制粉系统风量过大，一次风压过高，一次风量及一次风速也大，使燃料着火推迟。

（2）制粉系统风量过小，一次风压过低，一次风量及一次风速也小，可使燃料着火过早，并容易造成一次风管堵管，对着火燃烧不利。

（3）如果给煤量不均匀，就会造成一次风压忽高忽低，使炉内火焰不稳定，容易造成锅炉灭火。

（4）煤粉过粗，则容易造成不完全燃烧，使机械不完全燃烧损失增加；而煤粉过细，会增加制粉电耗，制粉系统的磨损也要增大。

（5）磨煤机出口温度过高，容易发生制粉系统爆炸。

4-17 投入油枪时应注意哪些问题？

（1）检查油管上的阀门和连接软管等有无泄漏。

（2）检查油枪和点火枪等有无机械卡涩。

（3）就地观察油枪着火情况，有无雾化不良、配风不当的情况。

（4）油温和油压要符合规定。

（5）油中含水较多时，要先放水后再投入油枪。

4-18 什么叫火焰中心？

燃料进入炉膛后，一方面，由于燃料的燃烧而产生热量使火焰温度不断升高；另一方面，由于水冷壁的吸热，使火焰温度降低。当燃料燃烧产生的热量大于水冷壁的吸热量时，火焰温度升高；当燃料燃烧产生的热量等于水冷壁的吸热量时，火焰温度达到最高。炉膛中温度最高的地方称为火焰中心。

火焰中心的高度不是固定不变的，而是随着锅炉运行工况的变化而改变的。当投入上层燃烧器时，则火焰中心上移；反之，则下移。

4-19 运行中如何调整好火焰中心？为什么要调整火焰中心？

对于四角布置的燃烧器要同排对称运行，不缺角，出力均匀，并尽量保持各燃烧器出口气流速度及负荷均匀一致，或通过改变摆动燃烧器倾角或上下二次风的配比来改变火焰中心位置。

锅炉运行中，如果炉内火焰中心偏斜，则整个炉膛的火焰充满度恶化。一方面，造成炉前、后、左、右存在较大的烟气温差，使水冷壁受热不均，有可能破坏正常的水循环；另一方面，造成炉膛出口左右两侧的烟气温差，使炉膛出口一侧的温度偏高，导致该侧过热器等受热面超温爆管。因此，锅炉运行中要注意调整好火焰中心位置，使其位于炉膛中央。

4-20 火焰中心高低对锅炉内换热影响怎样？

煤粉着火后，由于燃烧逐渐发展，燃烧所放出的热量大于传热量，因此烟气温度不断升高，形成一个燃烧迅速、温度较高的区域，在此区域中热量放出最多，此区域通常称为火焰中心。在一定的过量空气系数下，若火焰中心上移，则炉膛内总换热量减少，炉膛出口烟气温度升高；若火焰中心下移，则炉膛内换热量增加，炉膛出口烟气温度下降。

4-21　煤粉气流着火点过早或过迟有何影响？

煤粉气流着火点过早，有可能烧坏喷口或引起喷口附近结焦；着火点过迟，会使火焰中心上移，可能引起炉膛上部结焦，蒸汽温度升高，甚至可能使火焰中断。

4-22　煤粉气流着火点的远近与哪些因素有关？

（1）原煤的挥发分含量。挥发分含量大，则着火点近，着火迅速，否则着火点就远。

（2）煤粉细度的大小。煤粉越细，着火点越近，燃尽时间也短，否则着火点远。

（3）一次风的温度高低。风温高，着火热降低，煤粉易着火，着火点较近。

（4）煤粉浓度。一般风粉混合物浓度为 0.3～0.6kg/m^3 时最易着火。

（5）一次风动压。动压值高，则着火点远，否则着火点近。

（6）炉膛温度。炉膛温度高，则着火点近，否则着火点远。

4-23　怎样通过火焰变化确定燃烧状况？

煤粉锅炉燃烧的好坏，首先表现于炉膛温度，炉膛中心的正常温度一般达 1500℃ 以上。若火焰充满度高，呈明亮的金黄色火焰，为燃烧正常；当火焰明亮刺眼且呈微白色时，往往是风量过大的现象；风量不足，表现为炉膛温度较低，火焰发红、发暗，烟囱冒黑烟。

4-24　为什么要监视锅炉炉膛出口烟气温度？

锅炉炉膛出口烟气温度通常随着负荷的增加而提高。正常情况下，某个负荷大致对应一定的炉膛出口温度，煤粉锅炉的煤粉较粗或配风不合理，会使燃烧后延，造成炉膛出口烟气温度升高。当燃烧器燃烧良好时，由于火焰较短，炉膛火焰中心较低，炉膛吸收火焰的辐射热量较多，因此炉膛出口烟气温度较低。换言之，如果在负荷相同的情况下，炉膛出口烟气温度明显升高，则有可能是油枪雾化不良，煤粉较粗或配风不合理，引起燃烧不良造成的，运行人员应对燃烧情况进行检查和调整，直至炉膛出口烟气温度恢复正常。

如果炉膛出口烟气温度升高，而燃烧良好，则可能是炉膛积灰或结渣，使水冷壁管的传热热阻增大，水冷壁管吸热量减少引起的。只有采取吹灰或清渣措施，才能使炉膛出口烟气温度恢复正常。

大容量锅炉炉膛较宽，如果燃烧器投入的数量不对称，或配风不合理，则可能是因为燃烧中心偏斜，引起炉膛出口两侧烟气温度偏差较大，所以应采取相应的调整措施，使两侧烟气温度偏差降至允许的范围内。

通过监视锅炉炉膛出口烟气温度，就能掌握锅炉的燃烧工况和水冷壁管的清洁状况以及火焰中心是否偏斜，为运行人员及时进行调整提供帮助。

4-25　锅炉有哪些热损失？

（1）排烟热损失。

（2）化学未完全燃烧热损失。

（3）机械未完全燃烧热损失。

（4）散热损失。

（5）灰渣物理热损失。

4-26　锅炉蒸汽吹灰器投运时应注意哪些问题？

（1）首先对吹灰蒸汽管道进行暖管和疏水，使供汽温度达到规定值。

（2）每个吹灰器投入前都应就地检查机械装置有无异常。

（3）若发现进汽阀不能按时开启，则应停止该吹灰器运行并及时退出。

（4）若吹灰过程中吹管卡在炉内，当电动无法退出时，则应立即改用手动退出。

（5）在吹灰管退出工作区前，不可以停止供汽，以防烧坏吹灰器。

（6）吹灰时应沿烟气流动方向吹扫，以提高吹灰效果。

4-27　为什么锅炉运行中应经常监视排烟温度的变化？排烟温度升高一般是什么原因造成的？

排烟热损失是锅炉各项热损失中最大的一项，一般为送入热量的6%左右；排烟温度每增加12～15℃，排烟热损失增加1%。所以，排烟温度应是锅炉运行中最重要的指标之一，必须重点监视。排烟温度升高的原因有：

（1）受热面积灰、结渣。

（2）过量空气系数过大。

（3）漏风系数过大。

（4）给水温度下降。

（5）燃料中的水分增加。

（6）锅炉负荷增加。

（7）燃料品种变差。

（8）制粉系统的运行方式不合理。

4-28　炉水循环泵运行中的注意事项有哪些？

（1）炉水循环泵的电动机腔不允许与空气直接接触，安装后的炉水循环泵必须及时向电动机腔和冷却器内充满处理过的水。每次将水通过管道注入电动机腔和冷却器之前，必须先进行管道冲洗直至水质合格。炉水循环泵电动机注水结束后，若立即启动，可继续注水，因为在启动中如有气体从电动机腔和冷却器内散逸出来，则注水可保持电动机腔和冷却器内始终充满水。启动成功后，则可停止注水，使冷却水保持自循环。

（2）炉水循环泵启动前要确保具有足够的净实际吸入压头，使运行中无气窝产生，因此锅炉汽包水位应保持一定的高度。

（3）电动机在环境温度下最多允许两次重复启动，但在两次启动中间要有 10min 的间隔。

（4）炉水循环泵在运行时，如遇冷却器的低压冷却水中断，则泵必须在 5min 内停止，泵在重新启动前，必须恢复低压冷却水，且使电动机腔内的温度降至 35℃以下。电动机腔温度低于 4℃时，炉水循环泵不允许启动。

（5）电动机启动后，应注意电流，炉水循环泵进、出口压差立即升至 0.3MPa。如果压差不升高，应立即停机，因为这可能意味着电动机正在反转。

4-29 汽包水位三冲量调节原理是什么？何时投入？

汽包水位三冲量自动控制调节系统是较为完善的给水调节系统，其调节内容包括汽包水位信号、蒸汽流量信号、给水流量信号。汽包水位信号是主信号，因为任何扰动都会引起水位变化，使调节器动作，改变水位调节器的开度使水位恢复正常值。蒸汽流量信号是前馈信号，它能防止由于虚假水位而引起的调节器误动作，以改善蒸汽流量扰动下的调节质量。给水流量信号是介质的反馈信号，它能克服给水压力变化所引起的给水量的变化，使给水流量保持稳定，同时也就不必等到水位波动之后再进行调节。汽包水位三冲量调节一般在 30％额定负荷以后才投入。

4-30 锅炉运行中对一次风速和风量的要求是什么？

（1）一次风量和风速不宜过大。一次风量和风速增大，将使煤粉气流加热到着火温度，所需时间增长，热量增多，着火远离燃烧器，可能使火焰中断，引起灭火，或火焰伸长引起结焦；直接冲刷对侧水冷壁，造成水冷壁结焦。

（2）一次风量和风速不宜过低。一次风量和风速过低，风粉混合不均匀，燃烧不稳，增加不完全燃烧损失；携带煤粉能力不足，在一次风管下部及弯头处易积结煤粉，煤粉有可能自燃烧一次风管，严重时造成一次风管堵塞；着火点过于靠近燃烧器，有可能烧坏燃烧器或造成燃烧器附近结焦。

4-31 给水温度提高对锅炉热效率有何影响？

给水温度提高对锅炉热效率的影响可以分为以下两种情况来讨论。

（1）第一种情况是假定锅炉蒸发量不变。当给水温度提高时，省煤器因传热温差降低，吸热量减少，省煤器出口的烟气温度提高，空气预热器的温度和压力提高，传热量增加，热空气温度略有提高。排烟温度升高，使得锅炉热效率降低。但给水温度提高后，用于蒸发的热量增大，使蒸发量提高。为了维持蒸发量不变，必然要减少燃料量，这使得排烟温度降低，锅炉热效率提高。由于这两个因素对锅炉效率的影响大致相当，因此，当保持锅炉蒸发量不变时，给水温度提高，锅炉热效率基本不变。

（2）第二种情况是假定燃料量不变。当给水温度提高后，省煤器的温度和压力降低，省煤器出口烟气温度升高，空气预热器吸热量增加，排烟温度升高，锅炉热效率降低。由于热风温度提高，因此炉膛温度上升，水冷壁吸热量增加。给水温度提高后，用于提高水温的热量减少而用于蒸发的热量增加，因此，如果燃料量不变，则蒸发量增加，使锅炉热效率降低。

4-32 尾部受热面的磨损是如何形成的？与哪些因素有关？

尾部受热面的磨损，是由于随烟气流动的灰粒，具有一定的动能，每次撞击管壁时，便会削掉微小的金属屑而形成的。

主要因素如下：

（1）飞灰速度。金属管子被灰粒磨去的量正比于冲击管壁灰粒的动能和冲击的次数。灰粒的动能同烟气流速的二次方成正比，因而管壁的磨损量就同烟气流速的三次方成正比。

（2）飞灰浓度。飞灰的浓度越大，则灰粒冲击次数越多，磨损加剧。因此燃烧含灰分大的煤磨损加重。

（3）灰粒特性。灰粒越粗、越硬，棱角越多，磨损越严重。

（4）管束的结构特性。烟气纵向冲刷管束时的磨损比横向冲刷轻得多。这是因为灰粒沿管轴方向运行，撞击管壁的可能性大大减小。当烟气横向冲刷时，错列管束的磨损大于顺列管束。

（5）飞灰撞击率。飞灰撞击管壁的机会由各种因素决定，飞灰颗粒大、飞灰密度大、烟气流速快，则飞灰撞击率大。

4-33 主、再热蒸汽系统水压试验的范围是什么？

主蒸汽系统水压试验的范围包括从给水进口直到蒸汽出口，即省煤器、汽包、水冷壁、过热器、减温器和汽水管道、阀门，以及相关的疏放水管、仪表取样阀等一次阀以内的设备。

再热蒸汽系统水压试验的范围包括冷段管道水压试验堵板阀后再热器部分及其管道附件，热段管道水压试验堵板阀前管道及有关的排汽、疏水阀门等。

4-34 锅炉炉膛结渣的危害有哪些？

（1）结渣引起蒸汽温度升高，甚至会导致汽水管道爆破。

（2）结渣可能造成掉渣灭火、受热面损坏和人员伤害。

（3）结渣会使锅炉出力下降，严重时被迫停炉。

（4）受热面易发生高温腐蚀。

（5）影响锅炉的经济性。

4-35 如何防治锅炉结渣？

（1）选取较小的炉膛热负荷，避免火焰冲刷受热面，同时降低整个炉膛温度，以减少结渣的可能性。

（2）选取合理的燃烧区域化学反应当量比，不仅确保有一个

低 NO_x 排放出口烟气温度，同时也使得结渣最小化。

（3）选取能够防止对流受热面出现任何结渣可能性的炉膛排烟温度。

（4）采用膜式二级和末级过热器设计，从而防止部件管子出列、变形的同时抑制结渣。

（5）穿过悬吊过热器中央的吹灰器与过热器的膜式设计面相结合，保证了吹灰的有效性。

（6）燃烧器喉口周围布置水冷壁弯管，与高导热性的碳化硅砖面相结合，从而降低燃烧器喉口的表面温度，有效防止燃烧器区域出现结渣。

（7）燃烧器产生较低的区域峰值火焰温度。

（8）控制燃烧器燃料和空气的分布，保证了沿整个炉膛宽度的均匀燃烧并防止还原区的形成。

（9）保持合适的煤粉细度和均匀度。

（10）在炉膛容易结渣的区域布置吹灰器，合理吹灰。

4-36　锅炉结焦的原因有哪些？

（1）灰的性质。灰的熔点越高，越不容易结焦；反之，熔点越低，就越容易结焦。

（2）周围介质成分对结焦的影响也很大。燃烧过程中，由于供风不足或燃料与空气混合不良，使燃料未达到完全燃烧，未完全燃烧将产生还原性气体，灰的熔点就会大大降低。

（3）运行操作不当，使火焰发生偏斜或一、二次风配合不合理。一次风速过高，颗粒没有完全燃烧，而在高温软化状态下黏附到受热面上继续燃烧，从而形成结焦。

（4）炉膛容积热负荷过大。锅炉超出力运行，炉膛温度过高，灰粒到达水冷壁面和炉膛出口时，还不能得到足够的冷却，从而造成结焦。

（5）吹灰、除焦不及时。造成受热面壁温升高，从而使受热面产生严重结焦。

4-37 烟道漏风对锅炉运行有什么影响?

烟道漏风对锅炉运行极为不利，它使漏风点处烟气温度下降，漏风点后受热面的吸热量减小，最后使排烟温度上升。另外，烟气体积增大使排烟热损失增加，锅炉效率下降，引风机电耗增加，同时使布置在烟道的受热面出口蒸汽温度上升。

4-38 如何防止锅炉受热面的高、低温腐蚀?

1. 高温腐蚀的防止

(1) 运行中调整好燃烧，控制合理的过量空气系数，防止一次风冲刷壁面，使未燃尽的煤粉在结焦面上停留；合理配风，防止燃烧器附近壁面出现还原性气体。

(2) 提高金属的抗腐蚀能力。

(3) 降低燃料中的含硫量。

(4) 确定合适的煤粉细度。

2. 低温腐蚀的防止

(1) 采用热风再循环或暖风器，提高空气预热器的进风温度，使空气预热器的冷端壁温超过酸露点温度一定数值。

(2) 降低燃料中的含硫量，运行中采用低氧燃烧。

(3) 采用耐腐蚀材料制成空气预热器的蓄热元件。

4-39 降低锅炉各项热损失应采取哪些措施?

(1) 降低排烟热损失。应控制合理的过量空气系数；减少炉膛和烟道各处漏风；制粉系统堵漏，运行中尽量少用冷风；应及时吹灰、除焦，保持各受热面，尤其是空气预热器受热面的清洁，以降低排烟温度；送风进风应采用炉顶处热风或尾部受热面夹皮墙内的热风。

(2) 降低化学不完全燃烧热损失。主要保持适当的过量空气系数，保持各燃烧器不缺氧燃烧，保持较高的炉温并使燃料与空气充分混合。

（3）降低机械不完全燃烧热损失。应控制合理的过量空气系数；保持合格的煤粉细度；炉膛容积和高度合理，燃烧器结构性能良好，并布置适当；一、二次风风速调整合理。适当提高二次风风速，以强化燃烧；炉内空气动力场工况良好，火焰能充满炉膛。

（4）降低散热损失。要维护好锅炉炉墙金属结构及锅炉范围内的烟风道、汽水管道、联箱等部位保温。

（5）降低排污热损失。保证给水品质和温度，降低排污率。

4-40　为什么要进行燃烧调整试验？

（1）保证达到正常稳定的蒸汽压力、蒸汽温度和蒸发量。

（2）着火稳定，燃烧中心适中，炉膛温度场和热负荷分布均匀，避免结焦和燃烧器损坏，保证过热器的运行安全性，燃烧危害小。

（3）使运行达到最高的经济性。

4-41　锅炉燃烧调整试验的目的是什么？

锅炉燃烧调整试验的目的是摸索锅炉的运行特性和规律，通过试验确定锅炉在现有设备和燃料性质条件下的安全经济运行方式。通过较全面的燃烧调整试验，可以获得锅炉在最佳运行方式下的技术经济特性（包括燃料、空气、烟气和汽水工质的运行参数及锅炉效率、厂用电指标等），为加强电厂技术管理、掌握设备性能、制定运行规程、投入燃烧自动调节系统以及做好全厂的经济调度提供依据。

4-42　锅炉燃烧调整试验观察的内容有哪些？

锅炉燃烧调整试验观察的内容包括一次风量标定、二次风量标定、制粉系统调平，炉膛速度场及假想切圆直径测定，炉膛出口速度场测定等。

4-43　如何判断煤粉锅炉炉膛空气动力场的好坏？

煤粉锅炉炉膛运行的可靠性和经济性在很大程度上取决于燃

烧器的性能及炉膛内的空气动力工况。良好的炉膛空气动力工况主要表现在以下三个方面：

（1）从燃烧中心区有足够的热烟气回流至一次风粉混合物射流根部，使燃料喷入炉膛后能迅速受热着火，且保持稳定的着火前沿。

（2）燃料和空气的分布适宜。燃料着火后能得到充足的空气供应，并达到均匀的扩散混合，以利迅速燃尽。

（3）炉膛内应有良好的火焰充满度，并形成区域适中的燃烧中心。这就要求炉膛内气流无偏斜，不冲刷炉壁，避免停滞区和无益的涡流区；各燃烧器射流也不应发生剧烈的干扰和冲撞。

4-44　为什么低负荷时锅炉蒸汽温度波动较大？

低负荷时，送入炉膛的燃料量少，炉膛容积热负荷下降，炉膛温度较低，燃烧不稳定，炉膛出口的烟气温度容易波动，而蒸汽温度不论负荷大小，要求基本上不变。因此，低负荷时烟气温度与蒸汽温度之差较小，即过热器的传热温差减小，当各种扰动引起炉膛出口烟气温度同样幅度的变化时，低负荷下过热器的传热温差变化幅度比高负荷下过热器的传热温差变化幅度大。以上两个原因，使得低负荷时锅炉蒸汽温度波动较大。

4-45　为什么低负荷时锅炉要多投用上层燃烧器？

大多数锅炉过热器以对流传热为主，对流式过热器的蒸汽温度特性是，随着负荷降低，蒸汽温度会下降。当锅炉负荷较低时，有可能出现减温水调节阀完全关闭，蒸汽温度仍然低于下限的情况，虽然可以采取增大炉膛出口过量空气系数或增大炉膛负压的方法来提高蒸汽温度，但这些方法因排烟温度提高，排烟的过量空气系数增加，造成排烟热损失上升，导致锅炉热效率下降。如果尽量停用下层燃烧器，而多投用上层燃烧器，则由于炉膛火焰中心上移，炉膛吸热量减少，炉膛出口的烟气温度上升，过热器因辐射吸热量和传热温差增大，过热器总的吸热量增加，使得蒸汽温度上升。这种调节蒸汽温度的方法经济性较好，在因负荷较低导致蒸汽温度偏低时，是应首先采用的方法。

4-46 锅炉过热蒸汽温度的调节方法有哪些？

过热蒸汽温度调节一般以喷水减温为主作为细调手段，减温器为两级或以上布置，以改变喷水量的大小来调整蒸汽温度的高低。另外，可以改变燃烧器的倾角和上、下火嘴的投停、改变配风工况等来改变火焰中心位置作为粗调手段，以达到蒸汽温度调节的目的。

4-47 为什么锅炉尾部受热面吹灰使得蒸汽温度降低？

（1）为了保持受热面的清洁，应降低排烟温度以提高锅炉热效率，受热面要定期吹灰。如维持锅炉蒸发量不变，送入炉膛的燃料量减少，则炉膛出口的烟气温度和流速降低，过热器的吸热量因传热温差和烟气侧的放热系数降低而减少，造成过热蒸汽温度下降。如保持燃料量不变，则炉膛出口烟气温度和流速不变，由于蒸汽流量增加，单位质量蒸汽的吸热量减少，使过热器出口蒸汽温度下降。因此，对流受热面吹灰，无论是维持蒸发量不变还是保持燃料量不变，均使蒸汽温度下降。

（2）省煤器吹灰的结果是因受热面清洁，省煤器吸热量增加，对于沸腾式省煤器，沸腾度提高；对于非沸腾式省煤器，进入汽包的给水温度提高了。

（3）空气预热器吹灰的结果是，空气预热器出口的风温升高，炉膛温度提高，辐射传热增加，炉膛出口烟气温度下降，使过热器的吸热量减少，蒸汽温度降低。

（4）过热器吹灰时，一方面，由于过热器管清洁了，过热器吸热量增多使蒸汽温度上升；另一方面，由于锅炉热效率提高，燃料量减少又使蒸汽温度降低。因此，过热器吹灰对蒸汽温度的影响不如省煤器和空气预热器吹灰对蒸汽温度的影响明显。

4-48 为什么锅炉定期排污时蒸汽温度会升高?

锅炉定期排污过程中，排出的是达到饱和温度的炉水，而补充的是温度较低的给水。因此，为了维持蒸发量不变，就必须增加燃料量，炉膛出口的烟气温度和烟气流速增加，蒸汽温度升高。如果燃料量不变，则由于一部分燃料用来提高给水温度，用于蒸发产生蒸汽的热量减少，因蒸汽量减少，而炉膛出口的烟气温度和烟气流速都未变，所以蒸汽温度升高。给水温度越低，则由于定期排污引起的蒸汽温度升高的幅度越大，所以定期排污时蒸汽温度升高，定期排污结束后，蒸汽温度恢复到原来的水平。

4-49 为什么锅炉炉膛负压增加会使蒸汽温度升高?

锅炉炉膛负压增加是指炉膛负压的绝对值增加，这就使得从人孔、检查孔、炉管穿墙等处炉膛不严密的地方漏入的冷空气量增多，与过量空气系数增加对蒸汽温度的影响相类似。所不同的是，前者送入炉膛的是通过空气预热器的有组织的热风，后者是未流经空气预热器的冷风。

炉膛负压增加，尾部受热面负压也同时增大，漏入尾部的冷风使排烟温度和排烟量进一步增加，锅炉热效率降低，蒸发量减少。因此，漏入炉膛同样多的空气量，炉膛负压增大使蒸汽温度升高的幅度大于送风量增加使蒸汽温度升高的幅度。

4-50 为什么锅炉煤粉变粗会使过热蒸汽温度升高?

煤粉喷入锅炉炉膛后燃尽所需的时间与煤粉粒径的平方成正比。设计和运行的锅炉，靠近炉膛出口的上部炉膛不应该有火焰而应是透明的烟气，在其他条件相同的情况下，火焰的长度取决于煤粉的粗细，煤粉变粗，煤粉燃尽所需的时间增加，火焰必然拉长。由于炉膛容积热负荷的限制，炉膛的容积和高度有限，煤粉在炉膛内停留的时间很短，煤粉变粗将会导致火焰延长到炉膛出口甚至过热器。

火焰延长到炉膛出口，因炉膛出口烟气温度升高，不但过热器辐射吸热量增加，而且因为过热器的传热温差增加，过热器的对流吸热量也随之增加，进入过热器的蒸汽流量因燃料量没有变化而没有改变，所以，煤粉变粗必然导致过热蒸汽温度升高。

4-51　锅炉给水温度降低蒸汽温度将如何变化？

为了提高整个电厂的热效率，发电厂的锅炉都装有给水加热器，在给水泵以前的加热器称为低压加热器，在给水泵以后的加热器称为高压加热器。给水经高压加热器后，温度大大提高。在运行中由于高压加热器泄漏等原因，高压加热器解列时，给水经旁路向锅炉供水，锅炉的给水温度降低后，燃料中的一部分热量用来提高给水温度。假如蒸发量维持不变，则燃料量必然增加，炉膛出口烟气温度和烟气流速都要提高，过热器的吸热量增加，蒸汽温度必然要升高。给水温度降低后，假定燃料量不变，则由于燃料中的一部分热量用来提高给水温度，用于蒸发产生蒸汽的热量减少，而此时由于燃烧工况不变，炉膛出口的烟气温度和烟气速度不变，过热器的吸热量没有减少。但由于蒸发量减少，蒸汽温度必然升高。因此给水温度降低，蒸汽温度必然升高。

4-52　锅炉过量空气系数增加蒸汽温度将如何变化？

锅炉过量空气系数增加，炉膛内的温度下降，使水冷壁吸收的辐射热量减少，炉膛出口的烟气温度略有下降。由于烟气量增加，烟气流速提高，使传热系数增加的幅度大于传热温差减少的幅度，使过热器的吸热量增加。由于排烟温度和烟气量增加，排烟热损失增加，锅炉效率降低，在燃料量不变的情况下，蒸发量减少，因此，蒸汽温度升高。一般说来，过量空气系数每增加0.1，蒸汽温度就升高8～10℃。

如果炉膛的过量空气系数已经较高，则过量空气系数进一步增加，蒸汽温度升高的幅度下降。如果过量空气系数太大，可能会因为炉膛温度和炉膛出口烟气温度大大降低，过热器因传热温差下降太多而使蒸汽温度下降，这种情况只有在很恶劣的燃烧工况下才会出现。

4-53 锅炉运行中引起蒸汽温度变化的主要原因是什么？

（1）燃烧对蒸汽温度的影响。炉内燃烧工况的变化，直接影响到各受热面吸热份额的变化。如上排燃烧器的投、停，燃料品质和性质的变化，过量空气系数的大小，配风方式及火焰中心的变化等，都对蒸汽温度的升高或降低有很大影响。

（2）负荷变化对蒸汽温度的影响。过热器、再热器的热力特性决定了负荷变化对蒸汽温度影响的大小，对流式和辐射式两种不同热力特性的过热器，使蒸汽温度受锅炉负荷变化的影响较小，但是一般仍是接近对流的特性，蒸汽温度随着锅炉负荷的升高、降低而相应升高、降低。

（3）蒸汽压力变化对蒸汽温度的影响。蒸汽压力越高，其对应的饱和温度就越高；反之，就越低。因此，如因某个扰动使蒸汽压力有一个较大幅度的升高或降低，则蒸汽温度就会相应的升高或降低。

（4）给水温度和减温水量对蒸汽温度的影响。在汽包锅炉中，给水温度降低或升高，蒸汽温度反而会升高或降低；减温水量的大小更直接影响蒸汽温度的降低、升高。

（5）高压缸排汽温度对再热蒸汽温度的影响。再热器的进出口蒸汽温度都是随着高压缸排汽的温度升降而相应升高、降低的。

4-54 调整再热蒸汽温度的方法有哪些？

再热蒸汽温度的调整大致有烟气再循环、烟道挡板、汽—汽热交换器和改变火焰中心高度四种方法。利用再循环风机，将省煤器后部分低温烟气抽出，再从冷灰斗附近送入炉膛，以改变辐射受热面和对流受热面的吸热比例。对于布置在对流烟道内的再热器，当负荷降低时，再热蒸汽温度降低，可增加再循环烟气量，使再热器吸热量增加，保持再热蒸汽温度不变。用隔墙将尾部烟道分成两个并列烟道，在两烟道中分别布置过热器与再热器，并列烟道省煤器后装有烟道挡板，调节挡板开度可以改变流经两个烟道的烟气流量，从而调节再热蒸汽温度。汽—汽热交换器是利用过热蒸汽加热再热蒸汽以调节再热蒸汽温度的设备。对于设置壁式再热器和半辐射式再热器的锅炉可以通过改变炉膛火焰中心的高度来调节再热蒸汽温度。另外，再热器还设置微量喷水作为辅助细调手段。

4-55　锅炉启动时省煤器发生汽化的原因与危害是什么？如何处理？

锅炉点火初期，省煤器只是间断进水时，其内部水温将发生波动，在停止进水时，省煤器内不流动的水温度升高，特别是靠近出口端，则可能发生汽化。省煤器进水时，水温又降低，这样使管壁金属产生突变热应力，影响金属及焊口的强度，日久产生裂纹损坏。当省煤器出口处汽化时，会引起汽包水位大幅度波动和进水发生困难，此时应加大给水量将汽塞冲入汽包，待汽包水位正常后，尽量保持连续进水或在停止进水的情况下开启省煤器再循环阀。

4-56　锅炉正常运行时为什么要关闭省煤器再循环阀？

因为给水通过省煤器再循环管直接进入汽包，降低了局部区域的炉水温度，影响了汽水分离和蒸汽品质，并使再循环管与汽包接口处的金属受到温度应力，时间长可能产生裂纹。此外，还影响到省煤器的正常工作，使省煤器出口温度过高，所以在锅炉正常运行中，必须将省煤器再循环阀关闭。

4-57　省煤器再循环阀在正常运行中泄漏会有何影响？

省煤器再循环阀在正常运行中泄漏，就会使部分给水经由循环管短路直接进入汽包而不经过省煤器。这部分水没有在省煤器内受热，水温较低，易造成汽包上下壁温差增大，产生热应力而影响汽包寿命。另外，使省煤器通过的给水减少，流速降低而得不到充分冷却，这部分水未经省煤器加热，经济性差。所以，在正常运行中，再循环阀应关闭严密。

4-58 锅炉根据什么来增减燃料量以适应外界负荷的变化？

由于外界负荷是在不断变化的，因此锅炉要经常调整燃料量以适应外界负荷的变化。调整燃料量的根据是主蒸汽压力，蒸汽压力反映了锅炉蒸发量与负荷的平衡关系。当锅炉蒸发量大于外界负荷时，蒸汽压力必然升高，此时应减少燃料量，使蒸发量减少到与外界负荷相等时，蒸汽压力才能保持不变。当锅炉蒸发量小于外界负荷时，蒸汽压力必然要降低，此时应增加燃料量，使锅炉蒸发量增加到与外界负荷相等时，蒸汽压力才能稳定。

4-59 锅炉燃烧过程中自动调节的任务是什么？

（1）满足热负荷与电负荷平衡，以燃料量调节蒸汽量，维持蒸汽压力。

（2）保证燃烧充分，当燃料量改变时，相应调节送风量，维持适当风煤比例。

（3）保持炉膛负压不变，调节引风量与送风量配比，以维持炉膛负压。

4-60 引风调节系统投入自动的条件有哪些？

（1）锅炉运行正常，燃烧稳定。

（2）引风机挡板在最大开度下的风量应能满足锅炉最大负荷的要求，并约有5％的余量。

（3）炉膛压力信号正确可靠，炉膛压力指示准确。

（4）调节系统应有可靠的监视保护装置。

4-61 送风调节系统投入自动的条件有哪些？

（1）锅炉运行正常，燃烧稳定。

（2）送风机挡板在最大开度下的送风量应能满足锅炉最大负

荷的要求，并约有5%的余量。

（3）风量信号准确可靠，氧量指示正确。

（4）炉膛压力自动调节系统投入运行。

（5）调节系统应有可靠的监视保护装置。

4-62 大型锅炉过热蒸汽温度调节为什么要采用分段式控制方案？

由于大型锅炉过热器管道很长，结构复杂，形式多样，因此，主蒸汽温度的延迟和惯性很大，只采用一种调节方案是无法保持主蒸汽温度不变的，加之大型锅炉多布置多级喷水减温装置，这样就为蒸汽温度分段控制提供了基础条件。只要控制住分段的辅助蒸汽温度，主蒸汽温度的调节就比较容易了。

4-63 单元制机组运行时，在哪些情况下采用“炉跟机”运行方式？

（1）锅炉主控处于“自动”方式。

（2）机组控制不在机跟炉方式。

（3）机组控制不在协调控制方式。

4-64 一般什么情况下需要解除减温水“自动”调节？

（1）锅炉稳定运行时，过热蒸汽温度和再热蒸汽温度超出报警值。

（2）减温水调节阀已全开而蒸汽温度仍继续升高，或减温水调节阀已全关而蒸汽温度仍继续下降。

（3）调节系统工作不稳定，减温水流量大幅度摆动，蒸汽温度出现周期性波动。

（4）锅炉运行不正常，过热蒸汽温度和再热蒸汽温度低于额定值。

（5）温度变送器故障。

（6）减温调节系统发生故障。

4-65 锅炉蒸汽压力变化时，如何判断是外部因素还是内部因素引起的？

蒸汽压力是否稳定是锅炉产汽量与负荷是否平衡的一个标志。如果两者相等，则压力不变；如果产汽量小于负荷，则蒸汽压力下降；反之，蒸汽压力上升。平衡是相对的、暂时的，变化和不平衡是绝对的，产汽量和负荷时刻都在变化。

负荷变化引起的压力波动可以看成是外部因素，而锅炉产汽量的变化（指不是人为调整引起的）可以看成是内部因素。压力波动时，分清是外部因素还是内部因素引起的，对负荷调整和减少压力波动是必要的。

如蒸汽压力和蒸汽流量两个变量同时增大或同时减小，则说明蒸汽压力的变化是由内部因素引起的；如蒸汽压力和蒸汽流量两个变量一个增大另一个减小，则说明蒸汽压力变化是由外部因素引起的。外部因素引起的压力波动比较好处理，只要适当地增减燃料量和引、送风量即可使蒸汽压力恢复正常；而内部因素引起的压力变化，情况比较复杂，例如，燃料量及燃料发热量变化、煤粉细度变化、燃油雾化不良或燃油带水、配风不良、风机故障、水冷壁或过热器爆管等内部因素都可能引起压力变化。蒸汽压力变化后要作具体分析，查明原因，采取针对性的措施才能使蒸汽压力恢复正常。

4-66 锅炉启动前炉膛通风的目的是什么？

锅炉启动前炉膛通风的目的是排出炉膛及烟道内可能存在的可燃性气体及物质，排出受热面上的部分积灰。这是因为当炉内存在可燃性物质，并从中析出可燃性气体时，达到一定的浓度和温度就能产生爆燃，造成强大的冲击力而损坏设备。当受热面上存在积灰时，就会增加热阻，影响换热，降低锅炉效率，甚至增大烟气的流动阻力。因此，必须以25%～40%的额定风量，对炉膛及烟道通风5～10min。

4-67　锅炉烟囱冒黑烟的原因是什么?

(1) 燃油雾化不良或油枪故障，油嘴结焦。

(2) 等离子点火初期燃烧不完全。

(3) 总风量不足。

(4) 配风不佳，缺少根部风或风与油雾的混合不良，造成局部缺氧。

(5) 烟道发生二次燃烧。

(6) 启动初期炉温、风温过低。

4-68　如何防止锅炉烟囱冒黑烟?

(1) 点火前，检查油枪，清理雾化片，提高雾化质量。

(2) 等离子磨煤机启动前应进行充分暖磨。

(3) 保证燃油压力正常，油质合格。

(4) 调整好一、二次风，使油雾与空气强烈混合，防止局部缺氧。

(5) 冬季投入一、二次风暖风器，尽可能地提高风温和炉膛温度。

(6) 在条件允许的情况下，尽早投入电除尘器。

4-69　锅炉升温升压过程中应该注意什么问题?

(1) 锅炉点火后应加强空气预热器吹灰。

(2) 严格按照机组启动曲线控制升温、升压速度，监视汽包上下、内外壁温差不大于40℃。

(3) 再热器处于干烧状态时，必须严格控制炉膛出口烟气温度，密切监视过热器、再热器管壁温度不超限。

(4) 严密监视汽包水位，停止上水时应开启省煤器再循环阀。

(5) 严格控制汽水品质合格。

(6) 按时关闭蒸汽系统的空气阀及疏水阀。

(7) 经常监视炉火及油枪投入情况，加强对油枪的维护、调整，保持雾化燃烧良好。

(8) 汽轮机冲转后，保持蒸汽温度有50℃以上的过热度，过热蒸汽、再热蒸汽两侧温差不大于15℃，投用减温水时防止蒸汽温度大幅度波动。

(9) 定期检查和记录各部位的膨胀指示，防止膨胀受阻。

(10) 发现设备有异常情况，应停止升压，待缺陷消除后继续升压。

4-70 为什么锅炉点火期间要加强定期排污？

(1) 排除沉淀在下联箱里的杂质。

(2) 使联箱内的水温均匀。点火过程中由于水冷壁受热不均匀，各水冷壁管内的循环流速不等，甚至出现循环停滞。这使得下联箱内各处的水温不同，使联箱受热膨胀不均，减小了汽包上下壁的温差。定期排污可消除受热不均，使同一个联箱上水冷壁管内的循环流速大致相等。

(3) 检查定期排污管是否畅通，如果排污管堵塞，经处理无效，就要停炉处理。

4-71 冬季锅炉启动初期投减温水时，蒸汽温度为什么会大幅度下降？如何防止？

由于冬季气温较低，在没有投用减温器前，减温水管内水不流动，随着气温的降低而降低，而锅炉减温水管道布置往往又较长，储存了一定量的低温水，若在此时投减温水，则低温水将首先喷入，又因锅炉启动初期蒸汽流量较小，而致使蒸汽温度大幅度下降，同时还使减温器喷嘴和端部温度急剧下降。若长期反复如此，还会发生金属疲劳，造成喷嘴脱落、联箱裂纹，威胁设备安全。所以，为防止以上情况发生，冬季锅炉启动初期投减温水时，要先开启减温水管疏水阀放出冷水，还要在投用时缓慢开启调节阀，使减温水量逐渐增大。

4-72 锅炉启动初期为什么不宜投减温水?

锅炉启动初期，蒸汽流量较小，蒸汽温度较低。若在此时投入减温水，很可能会引起减温水与蒸汽混合不良，使得在某些蒸汽流速较低的蛇形管圈内积水，造成水塞，导致超温过热，因此在锅炉启动初期不宜投减温水。

4-73 机组启动过程中蒸汽温度偏低应如何处理?

机组启动过程中有时会遇到蒸汽压力已达到要求而蒸汽温度却还相差许多的问题，特别是在汽轮机冲转前往往会发生这类情况，可采取如下措施处理：

(1) 投入上层燃烧器。

(2) 调整二次风配比，加大下层二次风量。

(3) 提高风压、风量，增大烟气流速。

(4) 开大旁路或对空排汽，稍降低蒸汽压力，然后增加燃料量，提高炉内热负荷。

(5) 降低机组真空，增加蒸汽流量。

4-74 锅炉启动过程中应如何控制汽包壁温差在规定范围内?

启动过程中要控制汽包壁温差在规定的40℃内，可采取以下措施：

(1) 点火前的进水温度不能过高，速度不宜过快，夏季进水时间一般不少于2h，冬季进水时间一般不少于4h。

(2) 上水完毕，有条件时可投入底部蒸汽加热。

(3) 严格控制升温、升压速度。

(4) 定期进行对角油枪切换，尽量使各部均匀受热。

(5) 经上述操作如果仍不能有效控制汽包上、下壁温差，则在接近或达到40℃时，应暂停升压，并进行定期排污，促进炉水循环，待温差稳定且小于40℃时再行升压。

4-75　锅炉启动初期为什么要严格控制升压速度?

锅炉启动时，蒸汽是在点火后由于水冷壁管吸热而产生的。蒸汽压力由于产汽量的不断增加而升高，汽包内水的饱和温度随着压力的升高而增加。由于水蒸气的饱和温度在压力较低时对压力的变化率较大，在升压初期，压力升高很小的数值，将使蒸汽的饱和温度提高很多。锅炉启动初期，自然水循环尚不正常，汽包下部水的流速低或局部停滞，水对汽包壁的放热为接触放热，其放热系数很小，故汽包下部金属壁温升高不多；汽包上部因是蒸汽对汽包金属壁的凝结放热，故汽包上部金属温度较高，由此造成汽包壁温上高下低的现象。由于汽包壁较厚，因此形成汽包壁温内高外低的现象。由此可见，蒸汽温度的过快提高将使汽包由于受热不均而产生较大的温差热应力，严重影响汽包寿命，故在锅炉启动初期，必须严格控制升压速度以控制温度的过快升高。

4-76　锅炉启动过程中应如何控制汽包水位?

（1）点火初期，炉水逐渐受热、汽化、膨胀，使水位升高，此时不宜用事故放水阀降低水位，而应从定期排污门排出，既可提高炉水品质，又能促进水循环。

（2）随着蒸汽压力、蒸汽温度的升高，排汽量的增大，应根据汽包水位的变化趋势，及时补充给水。

（3）根据锅炉负荷情况，及时切换给水管路运行，并根据规定的条件，投入给水自动装置工作。

4-77　锅炉启动过程中应如何调整燃烧?

锅炉启动过程中应注意对火焰的监视，并做好如下燃烧调整工作：

（1）正确点火。点火前炉膛充分通风，点火时先投入点火装置（或火把），然后开启油枪。

（2）对角投用火嘴，注意及时切换，观察火嘴的着火点适宜，力求火焰在炉内分布均匀。

（3）注意调整引、送风量，炉膛负压不宜过大。

（4）燃烧不稳定时，要特别监视排烟温度值，防止发生尾部烟道的二次燃烧。

（5）尽量提高一次风温，根据不同燃料量合理送入二次风量。调整两侧烟气温差。

（6）操作中做到制粉系统开停稳定。给煤机下煤量稳定，给粉机转速稳定。风煤配合稳定及氧量稳定。蒸汽温度、蒸汽压力上升稳定及升负荷稳定。

4-78　为什么锅炉启动后期仍要控制升压速度？

锅炉启动后期虽然汽包上下壁温差逐渐减小，但由于汽包壁较厚，内外壁温差仍很大，甚至有增加的可能；另外，锅炉启动后期汽包内承受接近工作压力下的应力，因此仍要控制后期的升压速度，以防止汽包壁的应力增加。

4-79　锅炉运行调整的任务和主要目的是什么？

锅炉运行调整的任务如下：

（1）保持锅炉燃烧良好，提高锅炉效率。

（2）保持正常的蒸汽温度、蒸汽压力和汽包水位。

（3）保持饱和蒸汽和过热蒸汽的品质合格。

（4）保持锅炉的蒸发量，满足汽轮机及热用户的需要。

（5）保持锅炉机组的安全、经济运行。

锅炉运行调整的主要目的就是通过调节燃料量、给水量、减温水量、送风量和引风量来保持蒸汽温度、蒸汽压力、汽包水位、过量空气系数、炉膛负压等稳定在额定值或允许值范围内。

4-80　为什么锅炉负荷越大，汽包压力越高？

无论锅炉负荷大小，锅炉过热蒸汽压力都要保证在规定的范围内，而汽包压力在不超过允许的最高压力的前提下是不作规定的。

汽包的压力只取决于过热蒸汽压力和负荷。汽包压力等于过热器出口压力加上过热器进出口压差。而过热器出入口压差与锅炉负荷的平方成正比，负荷越大，压差越大。由于要求过热蒸汽压力不变，因此，负荷越大，汽包压力越高。

4-81　锅炉运行中蒸汽压力变化对水位变化有何影响？

锅炉运行中，当蒸汽压力降低时，由于饱和温度的降低使部分炉水蒸发，引起炉水体积的膨胀，故水位要上升；反之，当蒸汽压力升高时，由于饱和温度的升高，使炉水的部分蒸汽凝结，引起炉水体积的收缩，故水位要下降。如果蒸汽压力变化是由负荷引起的，则上述的水位变化是暂时的现象，接着就要向相反的方向变化。

4-82　锅炉正常运行时为什么水位计的水位是不断上下波动的？

锅炉在正常运行时，蒸汽压力反映了外界用汽量与锅炉产汽量之间的动态平衡关系，当锅炉产汽量与外界用汽量完全相等时，蒸汽压力不变，否则蒸汽压力就要变化，平衡是相对的，变化是绝对的。用汽量和锅炉产汽量实际上是在不断变化的，当压力升高时，说明锅炉产汽量大于外界用汽量，炉水的饱和温度提高，送入炉膛的燃料有一部分用来提高炉水和蒸发受热面金属的温度，剩余的部分用来产生蒸汽。由于水冷壁中产汽量减少，汽水混合物中蒸汽所占的体积减小，汽包里的炉水补充这一减小的体积，因而水位下降；反之，当压力降低时，水位升高。所以，造成了水位在水位计内上下不断波动，燃料量和给水量的波动使得水冷壁管内含汽量发生变化，也会造成水位波动。

4-83　为什么规定亚临界压力锅炉汽包中心线以下一定高度作为水位计的零水位？

从安全角度看，汽包水位高些，多储存些水，对安全生产及防止炉水进入下降管时汽化是有利的。但是为了获得品质合格的蒸汽，进入汽包的汽水混合物必须得到良好的汽水分离，只有当汽包内有足够的蒸汽空间时，才能使汽包内的汽水分离装置工作正常，分离效果才能比较理想。

由于水位计的散热，水位计内水的温度较低，密度较大，而汽包内的炉水温度较高，密度较小。有些锅炉的汽水混合物从水位以下进入汽包，使得汽包内的炉水密度更小，这使得汽包的实际水位更加明显高于水位计指示的水位。由于亚临界压力锅炉的汽水密度更加接近，汽水分离比较困难，而且亚临界压力锅炉汽包内的炉水温度与水位计内的水温之差更大，为了确保良好的汽水分离效果，需要更大的蒸汽空间。因此，亚临界压力锅炉规定汽包中心线以下一定高度作为水位计的零水位。

4-84　为什么汽包内的实际水位比水位计指示的水位高？

由于水位计本身散热，水位计内的水温比汽包里的炉水温度低，水位计内水的密度较大，使汽包内的实际水位比水位计指示的水位要高。随着锅炉压力的升高，汽包内的炉水温度升高，水位计散热增加，水温的差值增加，水位差值增大。

对于汽水混合物从汽包水位以下进入的锅炉，由于汽包水容积内含有汽泡，炉水的密度减小。当炉水含盐量增加时，汽包水容积内的汽泡上升缓慢，也使汽包内水的密度减小，汽包的实际水位比水位计指示的水位要高。汽水混合物从汽包蒸汽空间进入，有利于减小汽包实际水位与水位计水位的差值。对于压力较高的锅炉，为了减小水位差值，可采取将水位计保温或加蒸汽夹套的措施以减少水位计散热。

4-85　水位计发生泄漏或堵塞对水位的准确性有什么影响？

水位计汽、水连通管和阀门泄漏对水位的影响有两种：①蒸汽侧泄漏，造成水位偏高；②水侧泄漏，造成水位偏低。

4-86　汽包水位过高和过低有什么危害？

为了使汽包内有足够的蒸汽空间，保证良好的汽水分离效果，以获得品质良好的蒸汽，一般规定汽包中心线以下一定高度为零水位。正常上下波动范围为 50mm，最大波动范围不超过 75m。汽包水位过高，则由于蒸汽空间太小，会造成汽水分离效果不好，蒸汽品质不合格。

汽包水位太低会危及水循环的完全。对于安装了沸腾式省煤器的锅炉，汽包中的水呈饱和状态，汽包里的水进入下降管时，截面突然缩小，产生局部阻力损失。炉水在汽包内流速很低，进入下降管时流速突然升高，一部分静压能转变为动压能。所以，水从汽包进入下降管时压力要降低。如果汽包的水位不低于允许的最低水位，汽包液面至下降管入口处的静压超过水进入下降管造成的压力降低值，则进入下降管的炉水不会汽化。如果水位过低，其静压小于炉水进入下降管的压降，进入下降管的炉水就可能汽化而危及水循环的安全。汽包水位过低还有可能使炉水进入下降管时形成漏斗，汽包内的蒸汽从漏斗进入下降管而危及水循环的安全。所以，为了获得良好的蒸汽品质，保证水循环的安全，汽包水位必须保持在规定的范围内。

4-87　如何调整汽包水位？

（1）要控制好汽包水位，首先要掌握锅炉的汽、水平衡，树立水位“三冲量”的概念。给水与蒸汽流量的偏差，既是破坏水位的主要因素，也是调整水位的工具。

（2）要掌握各负荷下给水量（蒸汽量）的大致数值。对汽动给水泵、电动给水泵的最大出力及其各种组合下能带多少负荷应心中有数。

（3）燃烧操作上避免蒸汽压力、燃烧的过大扰动，以减少虚假水位影响。在水位事故处理中需要燃烧控制与水位控制的良好配合，尽量避免在水位异常时再叠加一个同趋势的虚假水位。如果掌握得好，在处理中可利用虚假水位，在原水位偏离方向上叠加一个趋势相反的虚假水位来减缓水位的变化趋势。

（4）对操作中会出现的虚假水位及其程度应有一定的了解，并且事先采取措施预防水位的过分波动。操作上要力求平稳，不要太急、太猛。

4-88　炉膛负压运行的意义是什么？

大多数燃煤锅炉采用平衡通风方式，使炉内烟气压力低于外界大气压力，即炉内烟气为负压。自炉底到炉膛顶部，由于高温烟气产生自生通风压头的作用，因此烟气压力是逐渐升高的，烟气离开炉膛后，沿烟道克服各受热面阻力，烟气压力又逐渐降低，这样炉内烟气压力最高的部位是在炉膛顶部。所谓炉膛负压，就是指炉膛顶部的烟气压力，一般维持负压为20～40Pa。炉膛负压太大，使漏风量增大，结果引风机电耗、不完全燃烧热损失、排烟热损失均增大，甚至使燃烧不稳或灭火；炉膛负压小甚至变为正压时，火焰及飞灰通过炉膛不严密处冒出，恶化工作环境，甚至危及人身及设备安全。

4-89　燃烧调整的基本要求有哪些？

（1）着火、燃烧稳定，蒸汽参数满足机组运行要求。

（2）减少不完全燃烧热损失和排烟热损失，提高燃烧经济性。

（3）确保水冷壁、过热器、再热器等受热面的安全，不超温超压，不高温腐蚀。

（4）减少SO_x、NO_x的排放量。

4-90　锅炉启动过程中应如何防止蒸汽温度突降？

（1）锅炉启动过程中要根据工况的改变，分析蒸汽温度的变化趋势，应特别注意对过热器、再热器中间点蒸汽温度的监视，尽量使调整工作做在蒸汽温度变化之前。

（2）一级减温水一般不投入，即使投入也要慎重，二级减温水不投入或少投入，视各段壁温和蒸汽温度情况配合调整，控制各段壁温和蒸汽温度在规定范围内，防止大开减温水，使蒸汽温度骤降。

(3) 防止汽轮机调节汽门开得过快，进汽量突然大增，使蒸汽温度骤降。

(4) 汽包锅炉还要控制汽包水位在正常范围内，防止水位过高造成蒸汽温度骤降。

(5) 燃烧调整上力求平稳、均匀，以防引起蒸汽温度骤降，确保设备安全经济运行。

4-91　煤粉迅速而又完全燃烧必须具备哪些条件？

(1) 要供给适当的空气量。

(2) 维持足够高的炉膛温度。

(3) 燃料与空气能良好混合。

(4) 有足够的燃烧时间。

(5) 维持合格的煤粉细度。

(6) 维持较高的空气温度。

4-92　强化煤粉气流燃烧的措施有哪些？

(1) 提高热风温度。

(2) 提高一次风温。

(3) 控制好一、二次风的混合时间。

(4) 选择适当的一次风速。

(5) 选择适当的煤粉细度。

(6) 着火区保持高温。

(7) 在强化着火阶段的同时，必须强化燃烧阶段本身。

4-93　如何控制锅炉运行中的煤粉水分？

控制磨煤机出口气粉混合物温度，可以实现对煤粉水分的控制。温度高，水分低；温度低，水分高。为此，锅炉运行中应严格按照规程要求，控制磨煤机出口温度。当原煤水分变化时，应及时调节磨煤机入口风温调节挡板，以维持磨煤机出口温度在规程规定的范围之内。

4-94　煤的多相燃烧过程有哪几个步骤？

（1）参加燃烧的氧气从周围环境扩散到反应表面。

（2）氧气被燃料表面吸附。

（3）在燃料表面进行燃烧化学反应。

（4）燃烧释放的热量进一步加热固体焦炭使之燃烧。

（5）燃烧产物离开燃料表面，扩散到周围环境中。

4-95　锅炉风量与燃料量应如何配合？

风量过大或过小都会给锅炉安全经济运行带来不良影响。锅炉的送风量是经过送风机进口动叶进行调节的，只有一、二次风的合理配合调节才能满足燃烧的需要。一次风应满足进入炉膛风粉混合物挥发分燃烧及固体焦炭的氧化需要；二次风量不仅要满足燃烧的需要，而且补充一次风末段空气量的不足，更重要的是二次风能与刚刚进入炉膛的可燃物混合，这就需要较高的二次风速，以便在高温火焰中起到搅拌混合作用，混合越好，则燃烧得越快、越完全。一、二次风还可调节由于煤粉管道或燃烧器的阻力不同而造成的各燃烧器风量的偏差，以及由于煤粉管道或燃烧器中燃料浓度偏差所需求的风量。此外，炉膛内火焰的偏斜、烟气温度的偏差、火焰中心位置等均需要用风量调节。

4-96　直流燃烧器怎样将燃烧调整到最佳工况？

四角布置的直流燃烧器的结构布置特性差异较大，一般可采用下述方法进行调整：

（1）改变一、二次的配风比率。

（2）改变各角燃烧器的风量分配。例如，可改变上下两层燃烧器的风量、风速或改变各二次风量及风速，在一般情况下，减少下二次风量、增大上二次风量可使火焰中心下移；反之，使火焰中心上移。

（3）对具有可调节的二次风挡板的直流燃烧器，可改变风速挡板位置来调节风速。

4-97　煤粉气流着火点的远近与哪些因素有关？

（1）原煤挥发分。

（2）煤粉细度。

（3）一次风温、风压、风速。

（4）煤粉浓度。

（5）炉膛温度。

4-98　煤粉气流的着火温度与哪些因素有关？这些因素对着火温度影响如何？

煤粉气流的着火温度与煤的挥发分、煤粉细度和煤粉气流的流动结构有关。挥发分越低，着火温度越高；反之，挥发分高，着火温度低。煤粉越粗，着火温度越高；反之，煤粉越细，着火温度越低。煤粉气流为紊流，对着火温度也有一定的影响。

4-99　什么是含盐量？什么是碱度？

（1）水中各种溶解性盐类均以离子的形式存在，因此，水中阴、阳离子含量的总和称为含盐量，单位是 mg/L。

（2）水中含有的能与氢离子相化合的物质总量称为碱度，单位为 μmol/L。

4-100　炉外水处理有哪些方法？

（1）水的沉淀处理。利用在水中添加混凝剂的方法，将水中的悬浮物凝聚成较大的颗粒而沉淀下来，然后加以清除。

（2）水的过滤处理。使水经过由不同滤料组成的过滤层，进一步把水中的悬浮物过滤出来。

（3）水的离子交换处理。利用离子交换剂遇水后与水中所含某种离子（欲去除的离子）进行交换的性质，将水中杂质去除。

4-101　什么是软化水？什么是除盐水？

（1）经过软化处理后，硬度下降到一定程度的水称为软化水。软化水由于其含盐量不变，一般仅用于中小型锅炉的补给水。

（2）除盐水是在软化水的基础上，进一步进行除盐处理的水。大型锅炉都必须采用除盐水。

4-102　为什么要对汽包中的炉水进行加药处理？

无论采用何种水处理方法，都不可能将水中的硬度完全去除，同时由于炉水蒸发浓缩或其他原因也可造成炉水硬度升高。因此只有向汽包内加入某种药剂（一般为三聚磷酸钠）与炉水中的钙、镁离子生成不黏结的水渣沉淀下来，然后通过定期排污将其排出，才能维持水质合格。

4-103　锅炉对给水和炉水品质有哪些要求？

（1）对给水品质的要求：硬度、溶解氧、pH 值、含油量、含盐量、联氨、含铜量、含铁量、电导率必须合格。

（2）对炉水品质的要求：悬浮物、总碱度、溶解氧、pH 值、磷酸根、氯根、固形物（电导率）等必须合格。

4-104　进入锅炉的给水为什么必须经过除氧处理？

如果锅炉给水中含有氧气，将会使给水管道、锅炉设备及汽轮机通流部分遭受腐蚀，缩短设备使用寿命。防止腐蚀最有效的办法是除去水中的溶解氧和其他气体，这一过程称为给水的除氧。

4-105　影响蒸汽带水的主要因素有哪些？

影响蒸汽带水的主要因素为锅炉负荷、蒸汽压力、蒸汽空间高度和炉水含盐量。

(1) 锅炉负荷增加时，蒸汽量增加，蒸汽速度增加，使蒸汽携带水滴的直径和数量都将增大，因而蒸汽温度升高，蒸汽品质随之恶化。

(2) 蒸汽压力升高，汽水重力密度差减小，使汽水分离困难；蒸汽压力降低时，相应的饱和温度降低，汽包中汽泡增多，水位升高，蒸汽带水量增大，蒸汽品质恶化。

(3) 蒸汽空间高度小，汽水分离困难。

(4) 炉水含盐量增大将使蒸汽带水量增大。

4-106 为什么汽包锅炉压力越高越容易发生蒸汽带水？

锅炉压力升高，炉水沸点越高，炉水的表面张力越小，炉水在蒸发时越容易形成小水珠而被带走。同时，随着压力的提高，汽和水的重力密度差减小，汽水分离困难，蒸汽容易携带水滴。压力越高，蒸汽的重力密度越大，蒸汽流动的动能增加，因而更易带水。所以，当蒸汽流动速度一定时，压力越高，蒸汽越容易带水。

4-107 对锅炉排污的一般要求是什么？

汽包锅炉的排污有连续排污和定期排污两种。连续排污是连续不断地排出一部分炉水，使炉水含盐浓度不致过高，并维持炉水具有一定的碱度。炉水中可能有沉渣和铁锈，为防止这些杂质在水冷壁管沉积和堵塞，所以经过一段时间后必须把这些杂质排出，这就是所谓的定期排污。由于杂质多沉积在汽水系统的较低处，因此定期排污一般从水冷壁的下联箱引出，间断进行。锅炉排污有炉水损失，也有热量损失，因此锅炉排污量也应受到限制。

4-108 汽包锅炉在压力迅速变化时对水循环特性有何影响？

当压力迅速降低时，饱和温度相应降低，所以金属和水将放出蓄热量，对水循环特性的影响可分为三种情况考虑：

（1）当炉水欠焓较大时，一般下降管不会产生蒸汽，放出的蓄热量使水冷壁下部的加热水区段高度减小，受热弱的管子中的水量多，放出的蓄热量也多，其结果可弥补循环回路热负荷的不足并减小热偏差。这对水循环工况是有利的。

（2）当炉水欠焓很小时，下降管中可能产生蒸汽。如下降管中工质流速较大，即使产生一些蒸汽也无所谓，但总是要使下降管的流动阻力增加和工质密度减小，而使循环减弱。如降压速度过大，则受热弱的管子有可能出现循环停滞或倒流。

（3）当炉水欠焓很小，下降管中工质流速又较低（小于0.6m/s）时，下降管中产生蒸汽后，就会使下降管中工质流速更低，会出现循环停滞或倒流，直接影响水循环的安全性。

（4）当压力迅速升高时，一方面，下联箱中水的欠焓增加，上升管中水的加热区段高度增加使运动压头减小，循环减弱；另一方面，由于蒸汽的蓄热与水和金属相比一般很小，上升管中的蓄热量主要与管中的水量多少有关，受热弱的管子产汽量少，而水量相对就多，因而蓄热量就较大。所以，在升压时，受热弱的管子比受热强的管子产汽量减少的幅度要大一些，这就有可能使受热弱的管子出现循环停滞或倒流。

4-109　汽包内蒸汽清洗的目的是什么？

对蒸汽进行清洗的目的是：利用给水作清洗水，将蒸汽所携带水分中的盐分和溶解在蒸汽中的盐分扩散到清洗水中，通过连续排污或定期排污排到锅炉外面，从而降低蒸汽里的含盐量，防止过热器及汽轮机叶片结垢，保证机组的安全运行。

4-110　锅炉炉底水封破坏后为什么会使过热蒸汽温度升高？

锅炉从底部漏入大量的冷风，降低了炉膛温度，延长了着火时间，使火焰中心上移，炉膛出口温度升高，同时造成过剩空气量的增加，对流换热加强，导致过热蒸汽温度升高。

4-111　什么是超温和过热？两者之间有什么关系？

超温或过热是在锅炉运行中，金属的温度超过其允许的温度。两者之间的关系：超温与过热在概念上是相同的。所不同的是，超温指锅炉运行中由于种种原因使金属的管壁温度超过所允许的温度，而过热是因为超温致使管子发生不同程度的损坏，也就是说，超温是过热的原因，过热是超温的结果。

4-112　影响锅炉受热面传热的因素及增加传热的方法有哪些？

（1）影响锅炉受热面传热的因素为传热系数、传热面积和冷热流体的传热平均温差。

（2）增强传热的方法。①提高传热平均温差；②在一定的金属耗量下增加传热面积；③提高传热系数。

4-113　引起蒸汽压力变化的基本原因是什么？

（1）外部扰动。外部负荷变化引起的蒸汽压力变化称外部扰动，简称“外扰”。当外界负荷增大时，机组用汽量增多，而锅炉尚未调整到适应新的工况，锅炉蒸发量将小于外界对蒸汽的需要量，物料平衡关系被打破，蒸汽压力下降。

（2）内部扰动。由于锅炉本身工况变化而引起的蒸汽压力变化称内部扰动，简称“内扰”。运行中外界对蒸汽的需要量并未变化，而由于锅炉燃烧工况变动（如燃烧不稳或燃料量、风量改变）以及炉内工况（如传热情况）变动，使蒸发区产汽量发生变化，锅炉蒸发量与蒸汽需要量之间的物料平衡关系被破坏，从而使蒸汽压力发生变化。

4-114　影响蒸汽压力变化速度的因素有哪些？

（1）锅炉负荷变化速度。负荷变化的速度越快，蒸汽压力变化的速度也越快。为了限制蒸汽压力的变化速度，运行中必须限制负荷的变化速度。

(2) 锅炉的蓄热能力。蓄热能力是指锅炉在蒸汽压力变化时，由于饱和温度变化，相应的炉内工质、受热面金属、炉墙等温度变化所能吸收或放出的热量。

(3) 燃烧设备惯性。燃烧设备惯性是指从燃料量开始变化，到炉内建立起新的热负荷以适应外界负荷变化所需的时间。

4-115　锅炉蒸汽压力变化对蒸汽温度、水位有何影响?

(1) 对蒸汽温度的影响。一般当蒸汽压力升高时，过热蒸汽温度也要升高。这是由于当蒸汽压力升高时，饱和温度随之升高，则从水变为蒸汽需要消耗更多的热量，在燃料量不变的情况下，锅炉的蒸发量要瞬间减少，即过热器所通过的蒸汽量减少，相对蒸汽的吸热量增大，导致过热蒸汽温度升高。

(2) 对水位的影响。当蒸汽压力降低时，由于饱和温度的降低使部分炉水蒸发，引起炉水体积的膨胀，故水位要上升；反之，当蒸汽压力升高时，由于饱和温度的升高，使炉水的部分蒸汽凝结，引起炉水体积的收缩，故水位要下降。如果蒸汽压力变化是由负荷引起的，则上述的水位变化是暂时的现象，接着就要向相反的方向变化。

4-116　蒸汽压力变化速度过快对机组有何影响?

(1) 使水循环恶化。蒸汽压力突然下降时，水在下降管中可能发生汽化。蒸汽压力突然升高时，由于饱和温度升高，上升管中产汽量减少，会引起水循环瞬时停滞。蒸汽压力变化速度越快，蒸汽压力变化幅度越大，这种现象越明显。

(2) 容易出现虚假水位。由于蒸汽压力的升高或降低会引起炉水体积的收缩或膨胀，而使汽包水位出现下降或升高，均属虚假水位。蒸汽压力变化速度越快，虚假水位的影响越明显。出现虚假水位时，如果调节不当或发生误操作，就容易引起锅炉缺水或满水事故。

4-117 如何避免锅炉蒸汽压力波动过大？

（1）掌握锅炉的带负荷能力。

（2）控制好负荷增减速度和幅度。

（3）增减负荷时，提前调整风量和燃料量。

（4）锅炉运行中要做到勤调、微调，防止出现反复波动。

（5）完善自动调节系统。

（6）合理分配机组辅汽运行，以适应外界负荷的变化。

4-118 蒸汽压力、蒸发量与炉膛热负荷之间有何关系？

（1）当外界负荷不变时，蒸发量增加，蒸汽压力随之上升；反之，蒸汽压力下降。

（2）保持蒸汽压力不变时，外界负荷升高，蒸发量随之增大；反之，蒸发量减少。

（3）炉膛热负荷增加时，若保持蒸汽压力稳定，则蒸发量相应增大、外界负荷升高；若保持蒸发量不变、外界负荷不变，则蒸汽压力升高。

4-119 锅炉滑压运行有何优点？

（1）负荷变化时蒸汽温度变化小。汽轮机各级温度基本不变，减小了热应力与热变形，提高了机组的使用寿命。

（2）低负荷时，汽轮机的效率比定压运行时高，热耗低。

（3）电动给水泵电耗小。

（4）延长了锅炉承压部件及汽轮机调节汽门的寿命。

（5）减轻汽轮机通流部分结垢。

4-120 锅炉负荷对蒸汽温度有何影响？

（1）锅炉过热器一般分为辐射式、半辐射式、对流式过热器等几种形式。但由于辐射式和半辐射式过热器所占份额较小，故其总的蒸汽温度特性是对流式的，即随锅炉负荷的增加而升高，随锅炉负荷的减小而降低。

（2）一般再热器布置为辐射式、半辐射式、对流式串联组成的联合形式，整体特性一般呈现为对流特性，故其总的蒸汽温度特性是对流式的，受负荷影响时，同过热蒸汽温度变化趋势是相同的。

4-121　汽包锅炉的给水温度对蒸汽温度有何影响？

随着给水温度的升高，产出相同蒸汽量所需燃料用量减少，烟气量相应减少且流速下降，炉膛出口烟气温度降低。辐射式过热器吸热比例增大，对流式过热器吸热比例减小，总体出口蒸汽温度下降，减温水量减少，机组整体效率提高。反之，当给水温度降低时，将导致锅炉出口蒸汽温度升高。因此，高压加热器的投入与解列对锅炉蒸汽温度的影响比较明显。

4-122　燃料性质对锅炉蒸汽温度有何影响？

（1）燃用发热量较低且灰分、水分含量高的煤种时，相同的蒸发量所需燃料量增加，同时煤中水分和灰分吸收了炉内热量，使炉温降低，辐射传热量减少。

（2）水分和灰分的增加增大了烟气体积，抬高了火焰中心，使对流传热量增大，出口蒸汽温度升高、减温水量增大。

（3）煤粉变粗时，煤粉在炉内燃尽的时间增加，火焰中心上移，炉膛出口烟气温度升高，对流式过热器吸热量增加，蒸汽温度升高。

4-123　受热面结焦积灰对锅炉蒸汽温度有何影响？

（1）蒸发受热面结焦时，会造成辐射传热量减少，炉膛出口烟气温度升高，使对流式过热器吸热量增大，出口蒸汽温度升高。

（2）对流式过热器积灰时，本身换热能力下降，出口蒸汽温度降低。

（3）再热器积灰时，再热器出口蒸汽温度降低。

4-124 锅炉运行中发现排烟过量空气系数过高，可能是什么原因？

锅炉运行中即使排烟温度不变，排烟过量空气系数增加，排烟热损失也会增加。排烟过量空气系数过高，还使风机耗电量增加，所以锅炉运行中发现排烟过量空气系数过高，一定要找出原因，设法消除。排烟过量空气系数过高的原因有下列几种：

（1）送风量太大。表现为炉膛出口过量空气系数和送、引风机电流较大。

（2）炉膛漏风较大。负压锅炉的炉膛内是负压，而且炉膛下部的负压比操作盘上的炉膛负压表指示值要大得多。所以，空气从炉膛的人孔、检查孔、炉管穿墙处漏入炉膛，都会使炉膛出口过量空气系数增大。

（3）尾部受热面漏风较大。由于锅炉尾部的负压较大，空气容易从尾部竖井的人孔、检查孔及省煤器管穿墙处漏入。在这种情况下，送风机电流不大，排烟的过量空气系数与炉膛出口的过量空气系数之差超过允许值较多，引风机的电流较大。

（4）空气预热器管泄漏或者密封片磨损严重。空气预热器由于低温腐蚀和磨损，易发生穿孔、泄漏。在这种情况下，引、送风机电流显著增加，空气预热器出口风压降低，严重时会限制锅炉负荷。空气预热器前后的过量空气系数差值显著增大。

（5）炉膛负压过大。当不严密处的泄漏面积一定时，炉膛负压增加，由于空气侧与烟气侧的压差增大，必然使漏风量增加，造成排烟的过量空气系数增大。

（6）对于正压锅炉，由于炉膛和尾部烟道的大部分均是正压，冷空气通常不会漏入炉膛和烟道，因此排烟的过量空气系数过大，主要是由于送风量太大或空气预热器管腐蚀、磨损后泄漏造成的。

4-125 锅炉漏风有什么危害？

炉膛漏风，会降低炉膛温度，使燃烧恶化。漏风还使排烟温度升高，排烟量增加，排烟热损失增加，锅炉热效率降低。

漏风分两种情况：①从锅炉的人孔、检查孔、防爆门、炉膛及水冷壁、过热器、省煤器穿过炉墙处漏入的冷空气；②由于空气预热器的腐蚀穿孔，空气从正压侧漏入负压烟气侧。前一种漏风只使引风机的耗电量增加，而后一种漏风还同时使送风机的耗电量增加，严重时，还因为空气量不足，限制锅炉出力。锅炉漏风使对流烟道里的烟速提高，造成燃煤锅炉特别是煤粉锅炉的对流受热面磨损加剧。由此可知，锅炉漏风只有害而没有利，所以应尽量减少。

对于负压锅炉，漏风是不可避免的，应该做的是使漏风系数降低到允许的范围以内。

4-126　锅炉运行中发现排烟温度升高，可能有哪些原因？

排烟热损失是锅炉各项热损失中最大的一项，一般为送入炉膛热量的6%左右，排烟温度每增加12～15℃，排烟热损失增加0.5%。所以排烟温度是锅炉运行最重要的指标之一，必须重点监视。下列几个因素有可能使锅炉的排烟温度升高：

(1) 受热面结渣、积灰。无论是炉膛的水冷壁结渣、积灰，还是过热器、对流管束、省煤器和预热器积灰都会因烟气侧的放热热阻增大，传热恶化使烟气的冷却效果变差，导致排烟温度升高。

(2) 过量空气系数过大。正常情况下，随着炉膛出口过量空气系数的增加，排烟温度升高。过量空气系数增加后，虽然烟气量增加，烟速提高，对流放热加强，但传热量增加的程度不及烟气量增加得多。可以理解为烟速提高后，烟气来不及把热量传给工质就离开了受热面。

(3) 漏风系数过大。负压锅炉的炉膛和尾部竖井烟道漏风是不可避免的，并规定了某一受热面所允许的漏风系数。当漏风系数增加时，对排烟温度的影响与过量空气系数增加相类似，而且漏风处离炉膛越近，对排烟温度升高的影响就越大。

（4）给水温度。当汽轮机负荷太低或高压加热器解列时都会使锅炉给水温度降低。一般说来，当给水温度升高时，如果维持燃料量不变，省煤器的传热温差降低，省煤器的吸热量降低，使排烟温度升高。

（5）燃料中的水分。燃料中水分的增加使烟气量增加，因此排烟温度升高。

（6）锅炉负荷。虽然锅炉负荷增加，烟气量、蒸汽量、给水量、空气量成比例地增加，但是由于炉膛出口烟气温度增加，所以使排烟温度升高。负荷增加后炉膛出口温度增加，其后的对流受热面传热温差增大，吸热量增多，所以对流受热面越多，锅炉负荷变化对排烟温度的影响越小。

（7）燃料品种。当燃用低热值煤气时，由于炉膛温度降低，炉膛内辐射传热量减少，低热值煤气中的非可燃成分，主要是 N_2、CO_2、H_2O 较多，使烟气量增加，所以排烟温度升高。煤粉锅炉改烧油以后，虽然烧油时炉膛出口过量空气系数比烧煤时低，但由于燃料油中灰分很少，更没有颗粒较大的灰粒，不存在烟气中较大灰粒对受热面的清洁作用，对流受热面污染较严重，所以燃烧不好，经常冒黑烟的锅炉排烟温度升高。当尾部有钢珠除灰装置时，由于尾部较清洁，排烟温度比烧煤时略低。

（8）制粉系统运行方式。对于闭式的有储粉仓的制粉系统，当制粉系统运行时，由于燃料中的一部分水分进入炉膛，炉膛温度降低和烟气量增加，制粉系统运行时漏入的冷空气作为一次风进入炉膛，流经空气预热器的空气量减少，使排烟温度升高；反之，当制粉系统停运时，排烟温度降低。

4-127 与过热器相比，再热器运行有何特点？

（1）放热系数小，管壁冷却能力差。

(2) 再热蒸汽压力低、比热容小，对蒸汽温度的偏差较为敏感。

(3) 由于入口蒸汽是汽轮机高压缸的排汽，所以，入口蒸汽温度随负荷变化而变化。

(4) 机组启停或突甩负荷时，再热器处于无蒸汽运行状态，极易烧坏，故需要较完善的旁路系统。

(5) 由于其流动阻力对机组影响较大，因此对系统的选择和布置有较高的要求。

4-128　蒸汽温度的调节设备及系统分哪几类？

蒸汽温度的调节设备及系统分为两大类：

(1) 烟气侧调节设备，有烟气挡板、烟气再循环和摆动燃烧器等。

(2) 蒸汽侧调节设备，有喷水减温器、表面式减温器及三通阀旁路调温系统等。

4-129　蒸汽温度调节的总原则是什么？

(1) 蒸汽温度调节的总原则是控制好煤水比例，以燃烧调节作为粗调手段，以减温水调节作为微调手段。

(2) 对于汽包锅炉，汽包水位的高低直接反映了煤水比例的正常与否，因此调节好汽包水位就能够控制好煤水比例。

(3) 对于直流锅炉，必须将中间点温度控制在合适的范围内。

4-130　如何利用减温水对蒸汽温度进行调节？

目前汽包锅炉过热蒸汽温度调节一般以喷水减温为主，大容量锅炉通常设置两级以上的减温器。一般用一级喷水减温器对蒸汽温度进行粗调，其喷水量的多少取决于减温器前蒸汽温度的高低，应能保证屏式过热器管壁温度不超过允许值。二级减温器用来对蒸汽温度进行细调，以保证过热蒸汽温度的稳定。

4-131　蒸汽温度调节过程中应注意哪些问题?

（1）蒸汽压力的波动对蒸汽温度影响很大，尤其是对那些蓄热能力较小的锅炉，蒸汽温度对蒸汽压力的波动更为敏感，所以减小蒸汽压力的波动是调节蒸汽温度的一大前提。

（2）用增减烟气量的方法调节蒸汽温度，应防止出现燃烧恶化。

（3）不能采用增减炉膛负压的方法调节蒸汽温度。

（4）受热面的清灰除焦工作要经常进行。

（5）锅炉低负荷运行时，尽可能少用减温水，防止受热面出现水塞。

（6）防止出现过热蒸汽温度热偏差，左右两侧蒸汽温度偏差不得大于20℃。

4-132　锅炉升压过程中为何不宜用减温水来控制蒸汽温度?

高压高温大容量锅炉启动过程中的升压阶段，应限制炉膛出口烟气温度。再热器无蒸汽通过时，炉膛出口烟气温度应不超过540℃。保护过热器和再热器时，要求用限制燃烧率、调节排汽量或改变火焰中心位置来控制蒸汽温度，尽量不采用减温水来控制蒸汽温度。因为锅炉在升压过程中，蒸汽流量较小，流速较低，减温水喷入后，可能会引起过热器蛇形管之间的蒸汽量和减温水量分配不均匀，造成热偏差；或减温水不能全部蒸发，积存于个别蛇形管内形成“水塞”，使管子过热，造成不良后果。因此，在锅炉升压期间，应尽可能不用减温水来控制蒸汽温度。

4-133　锅炉低负荷时混合式减温器为何不宜过多地使用减温水?

锅炉在低负荷运行调节蒸汽温度时，不宜过多地使用减温水，更不宜大幅度地开关减温水阀。这是因为在低负荷时流经减温器及过热器的蒸汽流速很低，如果这时使用较大的减温水量，水滴雾化不好，蒸发不完全，局部过热器管可能出现水塞；没有蒸发的水滴，不可能均匀地分配到各过热器管中去，各平行管中的工质流量不均，导致热偏差加剧。上述情况，都有可能使过热器管损坏，影响运行安全。所以，锅炉低负荷运行时不宜过多地使用减温水。

4-134　锅炉运行中使用改变风量调节蒸汽温度的缺点有哪些？

（1）使烟气量增大，排烟热损失增加，锅炉热效率下降。

（2）增加送、引风机的电耗，使电厂经济性下降。

（3）烟气量增大，烟气流速升高，使锅炉对流受热面的飞灰磨损加剧。

（4）过量空气系数大时，会使烟气露点升高，增大空气预热器低温腐蚀的可能。

4-135　为什么再热蒸汽温度调节一般不使用喷水减温？

再热蒸汽温度调节若使用喷水减温，将使机组的热效率降低。这是因为使用喷水减温将使中低压缸工质流量增加，这些蒸汽仅在中低压缸内做功，就整个回热系统而言，限制了高压缸的做功能力，而且在原来热循环效率越高的情况下，如增加喷水量，则循环效率降低就越多。

4-136　调节锅炉汽包水位时应注意哪些问题？

（1）判断准确，有预见性地调节，要考虑虚假水位的影响。

（2）注意自动调节系统投入情况，必要时切换为手动调节。

（3）均匀调节，勤调、细调，不使水位出现大幅度波动。

（4）在出现外扰、内扰、定期排污、炉水加药、切换给水管道、蒸汽压力变化、给水调节阀故障、自动失灵、水位报警信号故障及减温水量变化等现象和操作时，要注意水位的变化。

4-137　如何维持运行中的汽包锅炉水位稳定？

（1）大型机组都采用较可靠的给水自动来调节锅炉的给水

量，同时还可以切换为远方手动操作。当采用手动操作时，应尽可能保持给水稳定均匀，以防止水位发生过大波动。

（2）监视汽包水位时，必须注意给水流量和蒸汽流量的平衡关系及给水压力和调节阀开度的变化。

（3）在锅炉排污、切换给水泵、安全阀动作、燃烧工况变化时，应加强水位的监视与调整。

4-138　进行锅炉水压试验时为什么要求水温在一定范围内？

（1）进行水压试验时，水温一般在30～70℃范围内，以防止引起汽化或出现过大的温差应力，或因温度高产生热膨胀，致使一些不严密的缺陷。

（2）水温应保持高于周围环境露点温度，以防止承压元件表面结露，使进行检查工作时难以分辨是露珠还是因不严密渗水所形成的水珠。

（3）进行合金钢承压元件水压试验时的水温，应该高于所用钢材的低温脆性转变温度，防止在试验过程中承压部件因冷脆出现裂纹。

4-139　进行锅炉水压试验时有哪些注意事项？如何防止汽缸进水？

（1）进行水压试验前应认真检查压力表投入情况。

（2）向空排气阀、事故放水阀应开关灵活，排汽放水畅通。

（3）试验时，应有指定专业人员在现场指挥监护，由专人进行升压控制。

（4）控制升压速度在规定范围内。

（5）注意防止汽缸进水。打开主汽阀后所有的疏水阀，设专人监视汽轮机上下缸壁温和壁温差的变化。

4-140　锅炉正常运行时为什么要关闭省煤器再循环阀？

给水通过省煤器再循环管直接进入汽包，降低了局部区域的炉水温度，影响了汽水分离和蒸汽品质，并使再循环管与汽包接口处的金属受到温度应力，时间长可能产生裂纹。此外，还影响到省煤器的正常工作，使省煤器出口温度过高，所以锅炉正常运行时，必须将省煤器再循环阀关闭。

4-141　新装锅炉的调试工作有哪些?

新装锅炉的调试分为冷态调试和热态调试两个阶段。

(1) 冷态调试的主要工作有：转动机械的分部试运行、阀门挡板的测试、炉膛及烟道的漏风试验、受热面的水压试验、锅炉酸洗、空气动力场试验、风量标定、一次风调平等。

(2) 热态调试的主要工作有：吹管、蒸汽严密性试验、安全阀压力整定、机组整套启动、快速甩负荷（Run Back，RB）试验等。

4-142　为什么要进行锅炉水压试验?

对于新装和大修后以及受热面大面积更换的锅炉，汽水管道的连接焊口成千上万，管材质量也不可能完全合乎标准，各个汽水阀门的填料、盘根等也需要动态检验，故在机组热态试运行前，需要对汽水系统进行冷态的水压试验，以检验各承压部件的强度和严密性，然后根据水压试验时发生的渗漏、变形和损坏情况查找到承压部件的缺陷并及时加以处理。

4-143　如何进行锅炉再热器水压试验?

首先在锅炉再热器冷端、热端蒸汽管道上分别加装打压堵板阀，并在就地再热器入口堵板阀后管道上安装一块精度符合要求且校验合格的压力表，然后启动给水泵，利用再热器冷段减温水给再热器上水，再热器空气阀见水后关闭。就地水压试验压力表处设置一专人监视再热器入口压力，缓慢增加给水泵转速，提高再热器压力，当入口压力升到 1MPa 时，暂停升压，通知有关人员进行检查，无问题后继续升压直至额定值。这期间应严防超压，检查完毕，应按照规定的降压速率降压到零，打开空气阀及疏水阀，放净再热器系统所有炉水，拆除再热器冷端、热端蒸汽管道上加装的堵板阀，恢复再热器系统。

4-144　为什么要对新装和大修后的锅炉进行化学清洗?

锅炉在制造、运输和安装、检修的过程中，在汽水系统各承压部件内部难免要产生和沾污一些油垢、铁屑、焊渣、铁的氧化物等杂质，这些杂质一旦进入运行中的汽水系统，将对锅炉和汽轮机造成极大的危害，所以对新装和大修后正式投运前的锅炉必须进行化学清洗，清除杂物。

4-145　为什么要进行锅炉的吹管?吹管质量合格的标准是什么?

锅炉汽水系统中的部分设备如减温器、启动旁路、过热器、再热器管路系统等，由于结构、材质、布置方式等原因不适合化学清洗，需用物理方法清除内部残留的杂物，利用锅炉产生的蒸汽对汽水系统及设备进行吹管，保证锅炉和汽轮机的安全。

为了检验吹管质量的好坏，需在被吹管道末端的临时排汽管内或排汽口处装设靶板。靶板可用铅板制作，每次吹管后应将靶板换下，检查上面的杂物和冲击坑痕。当最大冲击坑痕直径小于1mm，目测总数少于10点，并且连续两次吹管均符合上述要求时，则为吹管质量合格。

4-146　新装锅炉为什么要进行蒸汽严密性试验?

为了进一步检验锅炉焊口、胀接口、人孔、手孔、法兰盘、密封填料、垫料，以及阀门、附件等处的严密性，检查汽水管道的膨胀情况，校验支吊架、弹簧的位移、受力伸缩情况有无妨碍膨胀的地方，故必须对新装锅炉进行蒸汽严密性试验。

4-147　汽包锅炉启动过程中为什么要限制升温速度?

汽包锅炉启动过程中，随着工质压力与温度的升高，会引起厚壁汽包的内外壁温差、汽包上下壁温差，以及汽包筒体与两端封头的温差，这些温差的存在，均将产生热应力。为了保证启动过程中上述温差不致过大，各受热面管子能均匀膨胀，受热面壁温不致过高，要求工质温度平均上升速度不应大于1.5℃/min。

4-148　为什么锅炉在启动时升压速度必须掌握先慢后快的原则？

随着压力的升高，水的饱和温度也随之升高，但升高的速率是非线性的，开始增长很快，而后越来越慢。例如：压力由0.5MPa增加到1.0MPa，饱和温度由151.1℃上升到179.0℃，上升了27.9℃；压力由2.0MPa增加到2.5MPa，饱和温度由211.4℃上升到222.9℃，上升了11.5℃；压力由5.0MPa增加到5.5MPa，饱和温度由262.7℃上升到268.7℃，上升了6.0℃。因此，在锅炉启动过程中本着控制升温速度、保护锅炉受热面的原则，刚开始的升压速度不宜过快，而后可以逐步加快一些速度。

4-149　锅炉的热态启动有何特点？

(1) 点火前即具有一定的压力和温度，所以点火后升压、升温可适当加快速度。

(2) 因热态启动时升压、升温变化幅度较小，故允许变化率较大。

(3) 极热态启动时，因过热器壁温很高，故应合理使用对空排汽和旁路系统，防止冷汽进入过热器产生较大热应力，而损坏过热器。

4-150　为什么机组热态启动时锅炉主蒸汽温度应低于额定值？

机组热态启动时，对于锅炉本身，实际上是把冷态启动全过程的某一阶段作为起始点，当机组停止运行后，锅炉的冷却要比汽轮机快得多。如果汽轮机处于半热态或热态，锅炉可能已属冷态，这样锅炉的启动操作基本上按冷态来进行升温、升压，为尽量满足热态下汽轮机冲转要求的参数，需投入较多的燃料量；但此时仅靠旁路系统和向空排汽的蒸汽量是不够的，使得蒸汽温度上升较快，且壁温又高，又由于燃烧室和出口烟道宽度较大，炉内温度分布不均，过热器蛇形管圈内蒸汽流速也不均，温差较大，造成过热器管局部超温。为避免过热器的超温，延长其使用寿命，因此要规定在启动过程中主蒸汽温度应低于额定值50～60℃。

4-151　机组热态启动时应注意的事项有哪些？

(1) 若锅炉为冷态，则锅炉的启动操作程序应按冷态滑参数启动方式进行。

(2) 汽轮机冲转参数要求主蒸汽温度大于高压内下缸内壁温度50℃，且有50℃的过热度，但因考虑到锅炉设备安全，主蒸汽温度应低于额定蒸汽温度50～60℃。

(3) 若锅炉有压力，则应在点火后方可开启一、二级旁路或向空排汽阀。

(4) 因机组热态启动时参数高，应尽量增大蒸汽通流量，避免管壁超温，调整好燃烧。

4-152　机组极热态启动时，锅炉应如何控制蒸汽压力和温度？

机组极热态启动时，锅炉启动初期，要采取一些措施提高过热蒸汽温度，如适当加大底层二次风量，多开上层油枪，提高火焰中心。风量不能过大，温升速度可适当加快，冲转前主要靠加减燃料量来控制蒸汽温度，靠调整高低压旁路的开度和向空排汽阀的开度控制蒸汽压力。并网后，机组尽快接带负荷，应适时投入减温水，并改变炉内配风，控制蒸汽温度上升的速度。随着负荷增长，逐渐增大蒸汽压力，并缓慢提高蒸汽温度，等蒸汽温度与蒸汽压力相匹配时，再按升温、升压曲线控制机组参数。

4-153 汽包锅炉滑参数启动有何优点？

（1）与机炉分别单独启动相比，从启动到机组带满负荷，所需的时间大大减少。机炉分别启动所需的时间，为锅炉与汽轮机单独启动所需时间之和，而滑参数启动所需的时间与汽轮机单独启动所需时间大致相等，甚至更短些。

（2）由于锅炉启动初期过热器出口的低参数排汽被用来暖机升速和带部分负荷，排汽造成的热量和工质损失得到回收。

（3）用温度和压力较低的蒸汽进行暖管暖机，产生的热应力比用温度和压力较高的蒸汽暖管暖机小得多。

（4）单独启动时，由于点火初期过热器内没有蒸汽冷却，为了防止过热器烧坏，必须限制进入锅炉的燃料量；滑参数启动，利用凝汽器内的真空启动，过热器内很快就有蒸汽冷却，点火速度可以显著加快。在低压时，过热器内的蒸汽容积流量很大，过热器管不会像单独启动时那样因排汽流量小、流量不均而产生热偏差。

（5）滑参数启动时，锅炉的启动要满足汽轮机暖机升速的要求，因为汽轮机启动所需的时间对锅炉来说是足够的，锅炉可用调节燃烧强度来控制启动工况。滑参数启动时，因蒸汽的容积流量大，对改善水循环和汽包上、下壁温差有利。

4-154 汽包锅炉上水时应注意哪些问题？

（1）保证上水水质合格。

（2）合理选择上水温度和上水速度。为了防止汽包上下壁和内外壁温差大而产生较大的热应力，必须控制汽包壁温差不大于40℃，故应合理选择上水温度，严格控制上水速度。一般规定：上水温度为30～70℃，夏季上水时间不少于2h，冬季上水时间不少于4h。

（3）保持较低的汽包水位，防止点火后的汽水膨胀。

（4）上水完成后检查水位有无上升或下降趋势，提前发现锅炉放水阀有无内漏。

4-155 锅炉启动过程中记录各膨胀指示值有何重要意义？

（1）锅炉升温、升压时，受热元件必然要发生热膨胀，为了不使受热元件产生较大的热应力，就不能使其膨胀受阻，否则必然使受热元件发生变形或损坏。

（2）记录膨胀指示的意义就是在锅炉工况扰动时能够及时发现膨胀受阻的地方，及时采取措施，避免设备损坏。

4-156 暖管的目的是什么？暖管速度过快有何危害？

利用锅炉生产的蒸汽通过旁路系统缓慢加热蒸汽管道，将蒸汽管道逐渐加热到接近其工作温度的过程称暖管。暖管的目的是通过缓慢加热使管道及附件（阀门、法兰）均匀升温，防止出现较大温差应力，从而使管道内的疏水顺利排出，防止出现水击现象。

暖管时升温速度过快，会使管道与附件有较大的温差，从而产生较大的附加应力。另外，暖管时升温速度过快，可能使管道中疏水来不及排出，引起严重水击，从而危及管道、管道附件以及支吊架的安全。

4-157 什么是滑参数停炉？滑参数停炉有什么优点？

停炉时，锅炉与汽轮机配合，在降低电负荷的同时，逐步降低锅炉参数的停炉方式称为滑参数停炉，一般只用于单元制机组。

滑参数停炉的优点：停炉时降温、降压过程中，保持有较大的蒸汽流量，能够使汽轮机金属温度得到均匀冷却和冷却速度快，对于待检修的汽轮机，可缩短开缸时间；充分利用余热发电，节约工质，减少了停炉过程中的热损失，热经济性高。

4-158 影响锅炉停用腐蚀的因素有哪些？

对于采用热炉放水保护受热面和汽水管路的锅炉，影响停用腐蚀的因素主要有温度、湿度、金属表面的清洁程度和水膜的化学成分等；对于采用充水防腐方法保护受热面及汽水管路的锅炉，影响停用腐蚀的因素主要有水温、溶氧量、水的化学成分和金属表面的清洁度等。

4-159　如何进行紧急停炉的快速冷却？

锅炉紧急停炉后需快速冷却时，采用的方法有：①加强通风，即在停炉一段时间后，启动引风机、送风机对炉膛进行通风冷却；②加强换水，增加锅炉的上水、放水次数。这两种方法可配合使用，但只能在紧急情况下锅炉抢修时才使用，使用时要做好设备损坏的安全防范措施。

4-160　锅炉停止供汽后为何需要开启过热器疏水阀排汽？

锅炉停止向外供汽后，过热器内工质停止流动，但这时炉内温度还较高，尤其是炉墙会释放出大量热量对过热器进行加热，有可能使过热器超温损坏。为了保护过热器，在锅炉停止向外供汽后，应将过热器出口联箱疏水阀开启排汽，使蒸汽流过过热器对其冷却，避免过热器超温，排汽时间一般为30min。疏水阀关闭后，如汽侧压力仍上升，应再次开启疏水阀排汽，但疏水阀开度不宜太大，以免锅炉被急剧冷却。此外，也可以通过投入旁路进行循环冷却，但是目前各电厂停炉后及时破坏真空停轴封，一般不采取投旁路的方法。

4-161　汽包锅炉停炉后达到什么条件才可放水？

当锅炉压力降至零，汽包下壁温度为100℃以下时，才允许将锅炉内的水放空。根据锅炉保养要求，可采用带压放水，压力一般为0.7～0.8MPa时就可放水，这样可加快消压冷却速度，放水后能使受热面管内的水膜蒸干，防止受热面内部腐蚀。

4-162　四角切圆锅炉低负荷运行时应注意些什么？

（1）保持合理的一次风速，炉膛负压不宜过大。

(2) 尽量提高一、二次风温。

(3) 风量不宜过大，煤粉不宜太粗，开停制粉系统操作要缓慢平稳。

(4) 对于四角布置的直流燃烧器，下层给煤机转速不应太低。

(5) 尽量减少锅炉漏风，特别是油枪处和底部漏风。

(6) 保持煤种的稳定，减少负荷大幅度扰动。

(7) 投停油枪应考虑对角，尽量避免缺角运行。

(8) 燃烧不稳时应及时投油助燃。

4-163 锅炉受热面容易受飞灰磨损的部位有哪些?

锅炉中的飞灰磨损都带有局部性质，易受磨损的部位通常为烟气走廊区、蛇形弯头、管子穿墙部位、出列管排、空气预热器热端蓄热元件及在灰分浓度大的区域等。

4-164 造成蒸汽品质恶化的原因有哪些?

(1) 蒸汽带水。锅炉的补给水含有杂质。给水进入锅炉后被加热成蒸汽，杂质也大部分转移到炉水中，如此多次循环，炉水中杂质浓度越来越高，含有高浓度杂质的炉水被饱和蒸汽携带就叫做蒸汽带水，蒸汽带水称作机械携带，是蒸汽品质恶化的第一个原因。

(2) 蒸汽溶盐。锅炉在较高的工作压力下，蒸汽能溶解某些盐分，蒸汽溶盐称为选择性携带，这是蒸汽品质恶化的第二个原因。

4-165 锅炉启动过程中对过热器应如何保护?

锅炉在启动过程中，尽管烟气温度不高，管壁却有可能超温。这是因为锅炉启动初期，过热器管中没有蒸汽流过或蒸汽流量很小，立式过热器管内有积水，在积水排除前，过热器处于干烧状态。另外，这时的热偏差也较明显。为了保护过热器管壁不超温，在流量小于额定值10%时，必须控制炉膛出口烟气温度不超过管壁允许温度，采取的方法是限制燃烧或调整炉内火焰中心位置。随着压力的升高，蒸汽流量增大，过热器冷却条件有所改善，这时可用限制锅炉过热器出口蒸汽温度的办法来保护过热器，要求锅炉过热器出口蒸汽温度比额定温度低50～100℃，采取的方法是控制燃烧率及排汽量，也可调整炉内火焰中心位置或改变过量空气系数，但从经济性方面考虑是不提倡用改变过量空气系数的方法来调节蒸汽温度的。

4-166　停用锅炉保护方法的选择原则是什么？

停用锅炉应根据其参数和机组类型、停炉时间的长短、环境温度和现场设备等条件选择保护的方法。

（1）对于大容量锅炉，直流锅炉因其对水质要求高，故只能选择联氨、液氨和充氨法等。

（2）对停炉时间短的锅炉，一般采用蒸汽压力法。对停炉时间较长的锅炉，可采用干式或加联氨、充氨保护。

（3）在采用湿式保护时，应考虑冬季防冻的问题。其余各类方法若现场不具备条件，则不宜采用。

4-167　锅炉停炉保护的基本原则是什么？

（1）阻止空气进入汽水系统。

（2）保持停用锅炉汽水系统内表面相对湿度小于20%。

（3）受热面及相应管道内壁形成钝化膜。

（4）金属内壁浸泡在保护剂溶液中。

4-168　锅炉停炉后为何需要保养？常用的保养方法有哪几种？

锅炉停用后，如果管子内表面潮湿，外界空气进入，会引起内表面金属的氧化腐蚀，为防止这种腐蚀的发生，停炉后要进行保养。常用的保养方法如下：

（1）蒸汽压力法防腐。停炉备用时间不超过5天，可采用这种方法。

（2）氨液防腐。停炉备用时间较长，可采用这种方法。

（3）锅炉余热烘干法。此方法适用于锅炉检修期保护。

（4）干燥剂法。锅炉需长期备用时采用此法。

4-169 锅炉正常停炉熄火后应做哪些安全措施？

（1）继续通风 10～15min，排除炉内可燃物，然后停止送、引风机运行，以防由于冷却过快造成蒸汽压力下降过快。

（2）停炉后采用自然泄压方式控制锅炉降压速度，禁止采用开启向空排汽等方式强行泄压，以免损坏设备。

（3）锅炉刚熄火后，由于炉膛内部温度依然很高，必须及时关闭燃油系统全部阀门，将燃油可靠隔离，防止因油角阀不严而使燃油泄漏到热炉膛中引起爆炸。

（4）当锅炉尚有压力时，依然要对锅炉各受热面温度进行监视。

（5）为防止锅炉受热面内部腐蚀，停炉后应根据要求做好停炉保护措施。

（6）冬季停炉还应做好设备的防寒防冻工作。

4-170 锅炉方面的经济小指标有哪些？

锅炉方面的经济小指标有热效率、过热蒸汽温度、再热蒸汽温度、过热蒸汽压力、排污率、烟气含氧量、排烟温度、漏风率、灰渣和飞灰可燃物含量、煤粉细度和均匀性、制粉单耗、点火及助燃用油量等。

4-171 降低锅炉启动能耗的主要措施有哪些？

（1）锅炉进水完毕后即可投入底部蒸汽加热，提高炉水温度，预热炉墙，缩短启动时间。

（2）正确利用启动系统。充分利用启动过程中的排汽热量，尽早回收工质，减少汽水损失。

（3）加强运行人员的技术力量，提高启动质量，严格按照启动曲线启动。

(4) 采用滑参数启动方式。

(5) 加强燃烧调整，保证启动时的燃烧完全和经济。

(6) 采用先进技术，如等离子点火技术、微油点火技术等。

4-172 锅炉除焦时应做好哪些安全措施?

(1) 除焦工作开始前，工作班成员要详细了解现场工作环境，找好安全逃生退路。

(2) 应在锅炉一定范围内悬挂明显的安全警戒线。

(3) 工作班人员应穿好防烫工作服，戴好防烫面具。

(4) 应保持锅炉燃烧稳定，并适当提高炉膛负压。

(5) 当燃烧不稳定或有炉烟向外喷出时，禁止打焦。

(6) 在结焦严重或有大块焦掉落可能时，应停炉除焦。

4-173 操作阀门应注意些什么?

热力系统中串联布置的一、二次疏水阀、空气阀，一次阀用于系统隔绝，二次阀用于调整或频繁操作。开启操作时，应先开一次阀，后开二次阀；关闭操作时，先关二次阀，后关一次阀。除非特殊情况，不得将一次阀作为调整用，防止一次阀阀芯吹损后，不能起到隔绝系统的作用。手动操作阀门时，应使用力矩相符的阀门扳手，操作时用力均匀缓慢，严禁使用加长套杆或使用冲击的方法开启关闭阀门。电动阀门的开关操作在发出操作指令后，应观察其开关动作情况，直到反馈正常后进行下一步操作。阀门要保温，管道停用后要将水放尽，以免冬季冻裂阀体。阀门若存在跑、冒、滴、漏现象，应及时联系检修人员处理。

4-174 锅炉运行时为什么要做超温记录?

锅炉运行时，当实际壁温超过钢材最高使用温度时，金属的机械性能、金相组织就要发生变化，蠕变速度加快，最后导致管道破裂。为此，锅炉运行时对主蒸汽管、过热蒸汽管及再热器管和相应的导汽管，要做好超温记录，统计超温时间及超温程度，以便分析管道的寿命，加强对管道的监督，防止出现过热损坏。

4-175　什么是长期超温爆管？

锅炉运行中由于某种原因，造成受热面管壁温度超过设计值，只要超温幅度不太大，就不会立即损坏。但管子长期在超温下工作，钢材金相组织会发生变化，蠕变速度加快，持久强度降低，在使用寿命未达到预定值时，即提早爆破损坏，这种损坏称长期超温爆管，或叫长期过热爆管，也称一般性蠕变损坏。

4-176　锅炉受热面管道长期过热爆管破口的外观特征是怎样的？

管子的破口并不太大，破口的断裂面粗糙不平整，破口的边缘是钝边并不锋利，破口附近有众多的平行于破口的轴向裂纹，破口外表面有一层较厚的氧化皮，氧化皮很脆，易剥落，破口处的管子胀粗不是很大。

4-177　为什么汽包锅炉蒸汽侧流量偏差容易造成过热器管超温？

虽然过热器管并列在汽包与联箱或两个联箱之间，但由于过热器进出口联箱的连接方式不同，各根过热器管的长度不等，形状不完全相同，都会引起每根过热器管的流量不均匀。在过热器的传热过程中，主要热阻在烟气侧，约占全部热阻的60%，而蒸汽侧的热阻很小，仅占全部热阻的3%。由于过热器的传热温差较大，可达350～650℃，各根过热器管温度的差别对传热温差的影响很小，因此可以认为流量较小的过热器管的吸热量并不减少，这些过热器管内的蒸汽温度必然要上升。蒸汽流量小的过热器管，因蒸汽流速降低，蒸汽侧的放热系数下降，过热器管与蒸汽的温差增大。在过热器管内清洁的情况下，过热器管的壁温取决于蒸汽温度和蒸汽与过热器管的温差，因此蒸汽流量偏差最易使流量偏少的过热器管超温。

低温段过热器，由于蒸汽入口温度较低，允许使用温度一般不超过480℃，过热器管的安全余量较大，蒸汽流量偏差造成的超温危险较小。高温段过热器由于出口蒸汽温度较高，为了节省投资，过热器管材质的安全余量较小，因此蒸汽流量偏差造成的过热器管超温的危险相对来讲较大。

4-178　为什么过热器管泄漏割除后附近的过热器管易超温？

过热器管焊口泄漏或过热器管因过热损坏泄漏，除特殊情况外，由于无法补焊或整根更换工作量很大，通常都采取将损坏的过热器管两头割断封死的处理方法。损坏的过热器管由于没有蒸汽冷却，很快就会因严重过热而断裂脱落，这样在相邻的两根过热器管排之间形成了一个流通截面较大的所谓“烟气走廊”。烟气走廊的流动阻力较小，烟气流速较高，使烟气侧的对流放热系数增大；烟气走廊的存在使烟气辐射层厚度增加，辐射放热系数增大。由于过热器管传热的主要热阻在烟气侧，因此烟气侧放热系数的增大必然使烟气走廊两侧的过热器管吸热量增加，过热器管吸热量的增加，不但使蒸汽温度升高而且管壁与蒸汽的温差增大，使得烟气走廊两侧的过热器管壁温度明显升高。

由于两侧水冷壁的吸热，使得进入过热器的烟气温度在水平方向上是两侧低中间高。过热器管的过热损坏大都发生在烟气温度较高的靠近中间的管排，两侧过热器的损坏较少发生（焊口泄漏的情况除外）。由于烟气走廊处的烟气温度较高，使烟气走廊两侧的过热器管壁温度更易升高。

4-179　为什么过热器管发生超温过热损坏大多发生在靠中部的管排？

由于炉膛两侧水冷壁强烈的冷却作用，烟气离开炉膛进入过热器时，在水平方向上温度的差别是较大的，中部与两侧的烟气温差最高可达150℃。烟气温度高，不但使过热器管的传热温差增加，而且使烟气向过热器的辐射传热增加，使中部过热器管内的蒸汽温度升高，热负荷增加，从而使管壁和蒸汽的温差增大。在过热器管内清洁和蒸汽流速相同的情况下，管壁温度取决于管内蒸汽温度和热负荷的大小。因此，过热器管发生超温过热损坏大多发生在靠中部的管排。

4-180 什么是短期超温爆管？

锅炉受热面管子在运行过程中，由于冷却条件恶化，管壁温度在短时间内突然上升，使钢材的抗拉强度急剧下降，在介质压力的作用下，温度最高的向火侧，首先发生塑性变形，管径胀粗，管壁胀薄，随后发生剪切断裂而爆破，这种爆管称短期超温爆管，也称短期过热爆管，或者称为加速蠕变损坏。

4-181 锅炉负荷变化时，燃料量、风量的调节应遵守怎样的原则？

（1）锅炉运行过程中，当外界负荷变化时，需要调节燃料量来改变蒸发量，及时调节风量，以满足燃料燃烧对空气的需要量。锅炉升负荷时，先增加引风量→再增加送风量→后增加燃料量；锅炉降负荷时，先减燃料量→再减送风量→后减引风量，维持最佳过量空气系数，以保持良好的燃烧和较高的热效率。

（2）大容量电站锅炉除装有烟氧计外，还装有二次风流量、磨煤机通风量、一次流量测量装置，可按烟氧计或最佳过量空气系数确定不同负荷时应供给的空气量进行风量调节。

4-182 什么是滑参数启动？滑参数启动有哪两种方法？

滑参数启动是锅炉、汽轮机的联合启动，或称整套启动。它是将锅炉的升压过程与汽轮机的暖管、暖机、冲转、升速、并网、带负荷平行进行的启动方式。启动过程中，随着锅炉参数的逐渐升高，汽轮机负荷也逐渐增加，待锅炉出口蒸汽参数达到额定值时，汽轮机也达到额定负荷或预定负荷，锅炉、汽轮机同时完成启动过程。

滑参数启动有以下两种方法：

（1）真空法。启动前从锅炉到汽轮机的管道上的阀门全部打开，疏水阀、空气阀全部关闭，启动真空泵，使由汽包到凝汽器的空间全处于真空状态。锅炉点火后，一有蒸汽产生，蒸汽即通过过热器、管道进入汽轮机，进行暖管、暖机。当蒸汽压力达到一定值时，冲转汽轮机，汽轮机达到额定转速，可并网开始带负荷。

（2）压力法。锅炉先点火升压，待汽轮机主汽阀前主蒸汽的压力和温度达到预定的冲转参数时再冲动汽轮机，然后随着蒸汽参数的不断提高逐步升速、暖机、全速、并网带负荷直至额定值。目前，大多数发电厂采用压力法进行滑参数启动，而很少使用真空法进行滑参数启动。

4-183　汽包锅炉启动前上水的时间和温度有何规定？为什么？

锅炉启动前的进水速度不宜过快，一般冬季不少于4h，其他季节为2～3h，进水初期尤其要缓慢。冷态锅炉的进水温度一般为30～7℃，以使进入汽包的给水温度与汽包壁温度的差值不大于40℃。未完全冷却的锅炉，进水温度可比照汽包壁温，一般差值应控制在40℃以内，否则应减缓进水速度。原因如下：

（1）由于汽包壁较厚，膨胀缓慢，而连接在汽包壁上的管子壁较薄，因此膨胀较快。若进水温度过高或进水速度过快，将会造成膨胀不均，使焊口产生裂纹，造成设备损坏。

（2）当给水进入汽包时，总是先与汽包下半壁接触，若给水温度与汽包壁温差值过大，进水时速度又快，汽包的上下壁、内外壁将产生较大的膨胀差，给汽包造成较大的附加应力，引起汽包变形，严重时产生裂纹。

4-184　锅炉启动前应进行哪些系统的检查？

（1）汽水系统检查。所有阀门及操作装置应完整无损，动作灵活，并正确处于启动前应该开启或关闭的状态，管道支吊架应牢固；有关测量仪表处于工作状态。

（2）锅炉本体检查。炉膛内、烟道内检修完毕，无杂物，无人在工作，所有门、孔完好，处于关闭状态；各膨胀指示器完整，并校对其零位。

（3）除灰除尘系统检查。所有设备完好，具备投入运行条件。

（4）转动机械检查。地脚螺栓及安全防护罩应牢固；润滑油质量良好，油位正常；冷却水畅通，试运行完毕，接地线应牢固，电动机绝缘合格。

（5）制粉系统检查。系统内各种设备完整无缺，操作装置动作灵活，各种挡板处于启动前的正确位置，防爆门完整严密。

（6）燃油系统及点火系统检查。系统中各截止阀处于应开或应关的位置，电磁速断阀经过开关试验；点火设备完好，处于随时可以启用的状态。

（7）确认厂用气系统、仪表用气系统已投运，有关供气阀门开启。

4-185　锅炉检修后启动前应进行哪些试验？

（1）锅炉风压试验。检查炉膛、烟道、冷热风道及制粉系统的严密性，消除漏风点。

（2）锅炉水压试验。锅炉检修后应进行锅炉工作压力水压试验，以检查承压部件的严密性。

（3）联锁及保护装置试验。所有联锁及保护装置均需进行动、静态试验，以保证装置及回路可靠。

（4）电（气）动阀、调节阀试验。进行各电（气）动阀、调节阀的就地手操、就地电动、遥控远动全开和全关试验，闭锁试验，观察指示灯的亮、灭是否正确；电（气）动阀、调节阀的实际开度与CRT指示开度是否一致；限位开关是否可靠。

(5) 转动机械试运行。辅机检修后必须经过试运行，并验收合格。主要辅机试运行时间不得低于8h，风机试运行时，应进行最大负荷试验及并列特征试验。

(6) 空气动力场试验。如果燃烧设备进行过检修或改造，应根据需要进行冷炉空气动力场试验。

(7) 安全阀校验。安全阀经过检修或运行中发生误动作、拒动作，均需进行此项试验。

(8) 空气预热器漏风试验。以检验空气预热器漏风情况，验证检修质量。

(9) 风机、给水泵甩负荷试验。

4-186 锅炉启动过程中，汽包上、下壁温差是如何产生的？

锅炉在启动过程中，汽包壁从工质吸热，温度逐渐升高。启动初期，锅炉水循环尚未正常建立，汽包中的水处于不流动状态，汽包壁的对流换热系数很小，即加热很缓慢，汽包上部与饱和蒸汽接触，在压力升高的过程中，贴壁的部分蒸汽将会凝结，对汽包壁属凝结放热，其对流换热系数要比下部的水高出好多倍。当压力上升时，汽包上壁能较快接近对应压力下的饱和温度，下壁则升温很慢。这样就形成了汽包上壁温度高、下壁温度低的状况。锅炉升压速度越快，上、下壁温差越大。汽包上、下壁温差的存在，使汽包上壁受压缩应力，下壁受拉伸应力。温差越大，应力越大，严重时使汽包趋于拱背状变形。为此，一般规定汽包上、下壁允许温差为40℃，最大不超过50℃。

4-187 锅炉启动过程中防止汽包壁温差过大的主要措施有哪些？

(1) 及早投入蒸汽推动装置，延长加热时间，尽可能提高炉水温度。

(2) 按锅炉升压曲线严格控制升压速度，尤其是低压阶段的升压速度应力求缓慢，这是防止汽包上、下壁温差过大的重要和根本措施；应控制炉水饱和温度升温率为28～56℃/h，饱和蒸汽温度上升速度不应超过1.5℃/min。

(3) 升压初期，蒸汽压力的上升要稳定，尽量不要使蒸汽压力波动太大。

(4) 加强水冷壁放水，油枪、燃烧器对称投入，使炉膛受热均匀，促进水循环。

(5) 尽量提高给水温度。

(6) 采用滑参数启动。

4-188 点火后，锅炉燃烧方面应重点注意什么？

(1) 调节配风，保证燃料与风比例适当。

(2) 就地观察炉膛火焰亮度及烟囱冒烟情况，如果油枪雾化不好，或油枪喷射火焰太短，应检查油枪是否堵塞或雾化片有问题，查明原因及时处理。

(3) 为使锅炉受热均匀，应定期切换对角油枪。

(4) 按升温、升压曲线要求，增投油枪或增加煤量（等离子点火方式）。

(5) 经常检查燃油系统有无漏油，防止火灾事故的发生。

(6) 一般过热器后烟气温度达350℃、热风温度为177℃以上时可投入煤粉燃烧器，但要注意防止蒸汽温度上升过快。

(7) 如发生灭火，严禁采取“爆燃法”点火，应以不低于25%额定风量下通风吹扫5min且检查无异常后方可重新点火。

(8) 投入空气预热器连续吹灰，防止发生二次燃烧。

4-189 汽包锅炉启动速度是如何规定的？为什么升压速度不能过快？

锅炉启动初期及整个启动过程中，升压速度应缓慢、均匀，并严格控制在规定范围内，汽包锅炉启动过程一般控制升压速度为0.02～0.03MPa/min。在升压初期，由于只有少数燃烧器投入运行，燃烧较弱，炉膛火焰充满程度较差，对蒸发受热面的加热不均匀程度较大；另外，由于受热面和炉墙的温度很低，因此在燃料燃烧放出的热量中，用于使炉水汽化的热量并不多，压力越低，汽化潜热越大，因此，蒸发面产生的蒸汽量不多，水循环未正常建立，不能从内部来促使受热面加热均匀。这样，就容易使蒸发设备，尤其是汽包产生较大的热应力，所以，升压的开始阶段，温升速度应较慢。此外，根据水和蒸汽的饱和温度与压力之间的变化，压力越高，饱和温度随压力而变化的数值越小；压力越低，饱和温度随压力而变化的数值越大，因而造成温差过大，使热应力过大，所以为避免这种情况，升压的持续时间就应长些。在升压的后阶段，虽然汽包上下壁、内外壁温差已大为减小，升压速度可比低压阶段快些，但由于工作压力的升高而产生的机械应力较大，因此后阶段的升压速度也不要超过规程规定的速度。在锅炉升压过程中，升压速度太快，将影响汽包和各部件的安全，因此升压速度不能太快。

4-190　如何合理选择冲转参数?

(1) 主蒸汽压力。应综合机炉两方面及旁路系统的因素来考虑，要从便于维持启动参数的稳定出发，使进入汽缸的蒸汽流量应能满足汽轮机顺利通过临界转速和带初始负荷的要求，同时为使金属各部分加热均匀，增大蒸汽的容积流量，冲转蒸汽压力应尽量选择低一些。

(2) 蒸汽温度。应能避免启动初期对金属部件的热冲击，同时防止蒸汽过早地进入湿蒸汽区而造成的凝结放热及末几级叶片的水蚀，要有足够高的过热度，蒸汽温度应与金属温度相匹配。

(3) 凝汽器真空。冲转瞬间大量蒸汽进入汽轮机内，因蒸汽的凝结需要有个过程，所以真空会有所降低。如果真空过低，在冲转瞬间就会有低压缸安全阀动作的危险，同时排蒸汽温度大幅度升高，使凝汽器钛管急剧膨胀，造成胀口松弛而泄漏。真空过高也是不必要的，在其他冲转参数都具备时仅仅为了等真空上来，必然会延迟机组冲转时间；另外，真空过高，冲动汽轮机所需的蒸汽量减少，达不到良好的暖机效果，从而延长暖机时间。

4-191　锅炉停炉分哪几种类型？其操作要点是什么？

根据锅炉停炉前所处的状态以及停炉后的处理，锅炉停炉可分为如下几种类型：

（1）正常停炉。按照计划，锅炉停炉后要处于较长时间的备用，或进行大修、小修等。这种停炉需按照降压曲线，进行减负荷、降压，停炉后进行均匀缓慢地冷却，防止产生热应力。停机时间超过 7 天时，应将原煤仓的煤烧空；停机时间超过 3 天时，煤粉仓中的煤粉应烧完。

（2）热备用锅炉。按照调度计划，锅炉停止运行一段时间后，还需启动继续运行。这种情况锅炉停下后，要设法减小热量散失，尽可能保持一定的蒸汽压力，以缩短再次启动时的时间，现在大容量锅炉不采用此方法停炉。

（3）紧急停炉。运行中锅炉发生重大事故，危及人身及设备安全，需要立即停止锅炉运行。紧急停炉后，往往需要尽快进行检修，以消除故障，所以需要适当加快冷却速度。

（4）故障停炉。因锅炉设备故障，需要停机进行检修，不在计划期之内的停炉称为故障停炉。

4-192　锅炉停炉过程中，汽包上、下壁温差是如何产生的？

锅炉停炉过程中，蒸汽压力逐渐降低，温度逐渐下降，汽包壁是靠内部工质的冷却而逐渐降温的。压力下降时，饱和温度也降低，与汽包上壁接触的是饱和蒸汽，受汽包壁的加热，形成一层微过热的蒸汽，其对流换热系数小，即对汽包壁的冷却效果很差，汽包壁温下降缓慢。与汽包下壁接触的是饱和水，在压力下降时，因饱和温度下降而自行汽化一部分蒸汽，使水很快达到新的压力下的饱和温度，其对流换热系数大，冷却效果好，汽包下壁能很快接近新的饱和温度。这样出现汽包上壁温度高于下壁的现象。压力越低，降压速度越快，这种温差就越明显。

4-193　停炉时如何控制汽包上、下壁温差？

停炉过程中汽包上、下壁温差的控制标准一般为：汽包上、下壁允许温差为40℃，最大不超过50℃，为使上、下壁温差不超限，一般采取如下措施：

（1）严格按降压曲线控制降压速度。

（2）采用滑参数停炉。

（3）锅炉停炉后，一般要保持满水冷却，采用上水和放水的方式串水，汽包的降温、降压速度不能过快，密闭炉膛、烟道，关闭有关的挡板及观察门、人孔门等。

（4）锅炉停炉后，炉底水封尽量较晚破坏。

4-194　汽包锅炉滑参数停炉的注意事项有哪些？

（1）停炉前全面吹灰一次。

（2）及时调整燃料量和风量，保持燃烧稳定，严密监视水位。

（3）油枪投入后应投入空气预热器连续吹灰，注意排烟温度，以防尾部烟道发生二次燃烧，同时停运电除尘器。

（4）严格控制降温降压速度，避免波动太大。一般主蒸汽压力下降不大于0.05MPa/min，主、再蒸汽温度下降不大于1～1.5℃/min。

（5）蒸汽温度要保持50℃以上的过热度，防止蒸汽温度大幅度变化，尤其使用减温水降低蒸汽温度时更要特别注意。

（6）在滑参数停炉过程中，始终要监视和确保汽包上、下壁温差不大于40℃。

（7）为防止汽轮机停机后的蒸汽压力回升，锅炉熄火时的负荷尽量降低。

（8）锅炉熄火时应上水至较高水位，防止水位下降过快。

（9）当空气预热器进口烟气温度在120℃以上时，应注意监视。

（10）停炉后应严密关闭各风门挡板，冬季停炉还要做好防寒防冻措施。

4-195　锅炉冬季停炉后如何做好防冻保养？

冬季停炉后，应进行全面的防冻检查，不能有裸露的管道，保温应完整。

（1）管道内介质不流动部分，能排空的尽量排空，不能排空的应定期进行排放或采取微流的方法，防止管道冻结。

（2）停用锅炉尽可能采用干式保养，必须进行湿式保养时，可轮流启动一台炉水循环泵运行。

（3）投入所有防冻伴热系统。

（4）对于带有炉水循环泵的锅炉，锅炉干式保养时，应将炉水循环泵电动机腔内的水排空，与锅炉同时冲氮保养或联系检修人员灌入防冻剂；炉水循环泵冷却器及其管道内的存水应放干净。

（5）冷灰斗水封密封水适当开大，保持溢流，防止冻结。

（6）回转设备的冷却水应保持流动，否则应将冷却水系统解列放净存水。

（7）油系统应保持打循环，同时投入油伴热。

（8）若锅炉本体内有水，当炉水温度低于10℃时应进行放水。

（9）投入锅炉一、二次风暖风器，以提高炉内温度，防止过热器和再热器管U形弯处积水结冰。

4-196　汽包锅炉在不同设备状态及工艺要求时的放水操作程序是什么？

锅炉熄火后，保持汽包高水位，当水位低于一定数值时，应启动给水泵向锅炉补水至汽包高水位，同时严防汽包满水进入过热器中。

对于需停炉放水检修的锅炉，停炉 6h 前各孔门及烟道挡板关闭，禁止通风；停炉 8～10h 后可开启空气预热器风、烟挡板，引风机静叶及进、出口挡板，送风机动叶、送风机出口挡板及二次风分门进行自然通风。需要时，开启烟道和炉膛的人孔、看火孔等，增强自然通风，停炉 18h 后，汽包上、下壁温差小于 40℃，根据检修需要可启动引风机快冷。若汽包上、下壁温差大于 40℃，应间断启动引风机运行，当炉水温度不超过 80℃时，可将炉水放净。特殊情况下，熄火后 8h，在汽包上、下壁温差不大于 40℃的前提下，可以采用“串水”方式进行加速冷却。利用余热烘干法防腐时，压力降至 0.7～0.8MPa，汽包上、下壁温差不大于 40℃时，采取带压放水方式将炉水放净。

4-197　通过监视锅炉炉膛负压及烟道负压能发现哪些问题？

炉膛负压是锅炉运行中要控制和监视的重要参数之一。监视炉膛负压对分析燃烧工况、烟道运行工况，分析某些事故的原因均有重要意义。例如：当炉内燃烧不稳定时，烟气压力产生脉动，炉膛负压表指针会产生大幅度摆动；当炉膛发生灭火时，炉膛负压表指针会迅速向负方向甩到底，比水位、蒸汽压力、蒸汽流量对发生灭火时的反应灵敏得多。烟气流经各对流受热面时，要克服流动阻力，故沿烟气流程烟道各点的负压是逐渐增大的，在不同负荷时，由于烟气变化，烟道各点负压也相应变化。如负荷升高，烟道各点负压相应增大；反之，相应减小。在正常运行时，烟道各点负压与负荷保持一定的变化规律，当某段受热面发生结渣、积灰或局部堵灰时，由于烟气流通断面减小，烟气流速升高，阻力增大，其出入口的压差增大。因此，通过监视烟道各点负压及烟气温度的变化，可及时发现各段受热面的积灰、堵灰、泄漏等缺陷或二次燃烧事故。

4-198　如何进行锅炉的燃烧调整？

（1）风量的调整。及时调整送、引风机风量，维持炉膛压力正常。炉膛出口过量空气系数，应根据不同燃料的燃烧试验确定，保证最佳过量空气系数，各部漏风率符合设计要求。运行人员应了解燃料的特性，如煤的挥发分、水分、灰分、发热量和灰熔点等，通过调整试验确定合理的一、二次风风率、风速、风压，达到配风要求，组织炉内良好的燃烧工况。当锅炉增加负荷时，应先增加风量，随之增加燃料量；反之，锅炉减负荷时，应先减少燃料量，后减少风量，并加强风量和燃料量的协调配合。

（2）燃料量的调整。采用直吹式制粉系统的锅炉，负荷变化不大时，通过调整运行中制粉系统的出力来满足负荷的要求；负荷变化较大时，通过启、停制粉系统的方法来满足负荷要求。采用中间储仓式制粉系统的锅炉，负荷变化不大时，通过调整给粉机转速的方法即可满足负荷的需要；负荷变化较大时，通过投、停给粉机的方法来满足负荷的需要。

（3）煤粉燃烧器的组合方式。对采用中间储仓式制粉系统的锅炉，煤粉燃烧器应逐只对称投入或停用，四角布置切圆燃烧的锅炉严禁煤粉燃烧器缺角运行。对采用直吹式制粉系统的锅炉，各煤粉燃烧器的煤粉气流应均匀，高负荷运行时，应将最大数量的煤粉燃烧器投入运行，并合理分配各煤粉燃烧器的供粉量，以均衡炉膛热负荷，减小热偏差；低负荷运行时，尽量少投煤粉燃烧器，保持较高的煤粉浓度。煤粉燃烧器投用后，及时进行风量调整，确保煤粉燃烧完全。

（4）当煤质较差、负荷较低和燃烧不稳时，应及时投油稳燃，防止锅炉灭火，保证锅炉安全经济运行。

（5）定期检查燃烧器、受热面的运行情况，若有结渣、堵灰和污染现象，则及时调整，采取措施予以消除。

4-199 采用直吹式制粉系统的锅炉应如何调整燃料量？

采用直吹式制粉系统的锅炉，其出力大小将直接影响锅炉的蒸发量，必须考虑到燃烧工况的合理性及蒸汽参数的稳定。负荷变化较大时，通过启、停制粉系统的方式满足负荷要求，增加负荷时应先增加引风量，再增加送风量，最后增加燃料量，降负荷时相反。若锅炉负荷变化不大，则可通过调节运行的制粉系统出力来解决。

4-200　如何调节锅炉的燃油量?

对于燃油量的调节，目前的燃油锅炉一般是采用进油或回油进行调节。采用进油进行调节的方法是：当负荷变化时，通常利用改变进油压力来达到改变进油量的目的。当负荷降低较大时，则需要大幅度降低进油压力，以便减少进油量，这样就会因油压低而影响进油的雾化质量，在这种情况下不可盲目降低油压，而需采取停用部分油嘴的方法来满足负荷降低的需要。

采用回油进行调节的方法则是控制回油量来调节进入炉膛的油量，油系统对负荷变化适应性较强，能适应70%的负荷变化，但在低负荷时容易造成燃烧器扩口处结渣或烧坏。燃油量改变后要及时调节根部雾化风及助燃风，避免燃油裂解产生炭黑，保证完全燃烧。

4-201　锅炉运行中受热面超温的主要原因有哪些?

锅炉运行中如果出现燃烧控制不当、火焰上移、炉膛出口烟气温度高或炉内热负荷偏差大、风量不足燃烧不完全引起烟道二次燃烧、局部积灰、结焦、减温水投停不当、启停及事故处理不当等情况都会造成受热面超温。

4-202　锅炉运行中防止受热面超温的主要措施有哪些?

(1) 要严格按运行规程规定操作，锅炉启停时应严格按启停曲线进行，控制锅炉参数和各受热面管壁温度在允许范围内，并严密监视及时调整，同时注意汽包、各联箱和水冷壁膨胀是否正常。

(2) 要提高自动投入率，完善热工表计，灭火保护应投入闭环运行，并执行定期校验制度。严密监视锅炉蒸汽参数、流量及水位，主要指标要求压红线运行，防止超温超压、满水或缺水事故发生。

（3）应了解锅炉燃用煤质情况，做好锅炉燃烧的调整，防止汽流偏斜，注意控制煤粉细度，合理用风，防止结焦，减少热偏差，防止锅炉尾部二次燃烧。加强吹灰和吹灰器的管理，防止受热面严重积灰，也要注意防止吹灰器漏水、漏汽和吹坏受热面管子。

（4）注意监视过热器、再热器管壁温度情况，运行中避免超温，保证锅炉汽水品质合格。

4-203　对运行中的锅炉进行监视与调节的任务是什么？

为保证锅炉运行的经济性与安全性，运行中应对锅炉进行严格的监视与必要的调节。对锅炉进行监视的主要内容为：主蒸汽压力、温度，再热蒸汽压力、温度，汽包水位，中间点温度，各受热面管壁温度，氧量、炉膛压力及火焰检测信号等。

锅炉运行调节的主要任务是：

（1）使锅炉蒸发量随时适应外界负荷的需要。

（2）根据负荷需要均衡给水。对于汽包锅炉，要维持正常的汽包水位±50mm。对于直流锅炉，要调节燃水比适当。

（3）保证蒸汽压力、温度在正常范围内。对于变压运行的机组，则应按照负荷变化的需要，适时地改变蒸汽压力。

（4）保证合格的蒸汽品质。

（5）合理地调节燃烧，设法减小各项热损失，以提高锅炉的热效率。

（6）合理调节各辅机运行，努力降低厂用电量的消耗。

4-204　防止锅炉超压、超温的规定有哪些？

（1）锅炉严禁在安全阀解列的状况下运行。

（2）严格进行锅炉燃烧调整试验，并制定相应的技术措施。

(3) 对直流锅炉的蒸发段、分离器、过热器、再热器出口导管等应有完好的管壁温度测点，以监视各管间的温度偏差，防止超温爆管。

(4) 锅炉水压试验和安全阀整定应严格按规程进行。

(5) 对大容量锅炉超压水压试验和热态安全阀校验工作应制定专项安全技术措施，防止升压速度过快或蒸汽压力和温度失控造成超压、超温现象。

(6) 锅炉在进行超压水压试验和热态安全阀整定时，严禁非试验人员进入试验现场。

4-205　影响锅炉受热面积灰的因素有哪些?

(1) 受热面温度的影响。当受热面温度太低时，烟气中的水蒸气或硫酸蒸气在受热面上发生凝结，将会使飞灰粘在受热面上。

(2) 烟气流速的影响。如果烟气流速过低，很容易发生受热面堵灰，但流速过高，受热面磨损严重。

(3) 飞灰颗粒大小的影响。飞灰颗粒越小，则相对表面积越大，也就越容易被吸附到金属表面上。

(4) 气流工况和管子排列方式的影响。当速度增加，错列管束气流扰动大，管子上的松散积灰易被吹走，错列管子纵向节距越小，气流扰动大，气流冲刷作用越强，管子积灰也就越少；反之，顺列管束中，除第一排管子外，均会发生严重积灰。

4-206　防止锅炉炉膛爆炸事故发生的措施有哪些?

(1) 加强配煤管理和煤质分析，及时做好调整燃烧的应变措施，防止锅炉灭火。

(2) 加强燃烧调整，以确定一次风量、二次风量、风速、合理的过剩空气量、风煤比、煤粉细度、燃烧器倾角或旋流强度及不投油最低稳燃负荷等。

(3) 当炉膛已经灭火或已局部灭火并濒临全部灭火时，严禁投油助燃。当锅炉灭火后，要立即停止燃料（含煤、油、燃气）供给，严禁用爆燃法恢复燃烧。重新点火前，必须对锅炉进行充分通风吹扫，以排除炉膛和烟道内的可燃物质。

（4）加强锅炉灭火保护装置的维护与管理，确保装置可靠动作。严禁随意退出火焰探头或联锁装置，因设备缺陷需退出时，应做好安全措施。热工仪表、保护、给粉控制电源应可靠，防止因瞬间失电造成锅炉灭火。

（5）加强设备检修管理，减少炉膛严重漏风，防止煤粉自流、堵煤；加强点火油系统的维护管理，消除泄漏，防止燃油漏入炉膛发生爆燃。对燃油速断阀要定期试验，确保动作正确、关闭严密。

（6）防止锅炉严重结焦，加强吹灰。

4-207　什么是低氧燃烧？低氧燃烧有何特点？

为了使进入炉膛的燃料完全燃烧，避免和减少化学及机械不完全燃烧热损失，送入炉膛的空气总量总是比理论空气量多，即炉膛内有过剩的氧。根据现有技术水平，如果炉膛出口的烟气含氧量能控制在1%或以下，对应的过量空气系数为1.05，而且能保证燃料完全燃烧，则是属于低氧燃烧。

低氧燃烧有很多优点，首先可以有效地防止和减轻空气预热器的低温腐蚀。低温腐蚀是由于燃料中的硫燃烧产生二氧化硫，二氧化硫在催化剂的作用下，进一步氧化成三氧化硫，三氧化硫与烟气中的水蒸气生成硫酸蒸气，烟气中的露点大大提高，使硫酸蒸气凝结在空气预热器管壁的烟气侧，造成空气预热器的硫酸腐蚀，三氧化硫的含量对空气预热器的腐蚀速度影响很大。三氧化硫的生成量不但与燃料的含硫量有关，而且与烟气中的含氧量有很大关系。低氧燃烧使烟气中的含氧量显著降低，大大减少了二氧化硫氧化成三氧化硫的数量，降低了烟气的露点，可以有效减轻空气预热器的腐蚀。低氧燃烧，使烟气量减少，不但可以降低排烟温度，提高锅炉效率，而且使送、引风机的电耗下降，受热面磨损减轻。同时，低氧燃烧还可以降低氮氧化物的排放。

4-208　如何防止锅炉受热面的高温腐蚀？

（1）提高金属的抗腐蚀能力。

（2）组织好燃烧，在炉内创造良好的燃烧条件，保证燃料迅速着火，及时燃尽，特别是防止一次风冲刷壁面；使未燃尽的煤粉尽可能不在结渣面上停留；合理配风，防止壁面附近出现还原性气体等。

（3）降低燃料中的含硫量。

（4）确定合适的煤粉细度。

（5）控制管壁温度。

4-209　如何防止锅炉受热面的低温腐蚀？

（1）燃料脱硫。

（2）提高空气预热器入口空气温度。

（3）采用燃烧时的高温低氧方式。

（4）采用耐腐蚀的陶瓷等材料制成的空气预热器。

（5）加强空气预热器冷端吹灰。

4-210　锅炉结焦的危害有哪些？

结焦给锅炉运行的经济性与安全性均带来不利影响，主要表现在以下方面。

1. 锅炉热效率下降

（1）受热面结焦后，使传热恶化，排烟温度升高，锅炉热效率下降。

（2）燃烧器喷口结焦，造成气流偏斜，燃烧恶化，有可能使机械未安全燃烧热损失、化学未完全燃烧热损失增大。

（3）使锅炉通风阻力增大，厂用电量上升。

2. 影响锅炉出力

（1）水冷壁结焦后，会使蒸发量下降。

（2）炉膛出口烟气温度升高，蒸汽出口温度升高，管壁温度升高，以及通风阻力的增大，有可能成为限制出力的因素。

3. 影响锅炉运行的安全性

（1）结焦后，过热器处烟气温度及蒸汽温度均升高，严重时会引起管壁超温。

（2）结焦往往是不均匀的，结果使过热器热偏差增大，对自然循环锅炉的水循环安全性以及强制循环锅炉的水冷壁热偏差带来不利影响。

（3）炉膛上部结焦块掉落时，可能砸坏冷灰斗水冷壁管，造成炉膛灭火或堵塞排渣口，使锅炉被迫停止运行。

（4）除渣操作时间长时，炉膛漏入冷风太多，使燃烧不稳定甚至灭火。

4-211　如何防止锅炉结焦？

（1）合理调整燃烧，使炉内火焰分布均匀，火焰中心不偏斜。

（2）保证适当的过剩空气量，防止缺氧燃烧。

（3）避免锅炉负荷超出力运行。

（4）定期吹灰。定期检查受热面及燃烧器喷口积灰情况，发现积灰和结焦应及时清除。

（5）确保炉底水封正常，防止底部漏风。

（6）提高检修质量，保证燃烧器安装精确。

（7）保证锅炉严密性要好，防止漏风。

（8）停炉后认真检查核对风门挡板开度。

4-212　为什么要对锅炉受热面进行吹灰？

吹灰是为了保持受热面清洁。因灰的热导率很小，锅炉受热面上积灰影响受热面的传热，吸热工质温度下降，排烟温度升高，从而使锅炉热效率降低。锅炉受热面积灰严重时，使烟气通流截面积缩小，增加流通阻力，增大引风机电耗，降低锅炉运行负荷，甚至被迫停炉。因此应定期对锅炉受热面进行吹灰。

4-213　减温器故障的现象和原因是什么？

现象：

（1）减温水流量偏小或无指示。

（2）投停减温器时，蒸汽温度变化不明显或不起作用。

（3）两侧蒸汽温度差值增大。

（4）严重时减温器联箱内发生水冲击。

原因：

（1）减温器喷嘴内结垢或杂物堵塞。

（2）减温水温度变化幅度太大，使金属产生较大的应力损坏。

（3）制造、安装、检修质量不良。

4-214　汽包锅炉在什么情况下容易出现虚假水位？

（1）在负荷突然变化时，负荷变化速度越快，虚假水位越明显。

（2）如遇汽轮机甩负荷。

（3）运行中燃烧突然增强或减弱，引起汽泡产量突然增多或减少，使水位瞬时升高或下降。

（4）安全阀起座或旁路动作时，由于压力突然下降，水位瞬时明显升高。

（5）锅炉灭火时，由于燃烧突然停止，炉水中汽泡产量迅速减少，水位也将瞬时下降。

4-215　汽包锅炉出现虚假水位时应如何处理？

当锅炉出现虚假水位时，首先应正确判断，要求运行人员经常监视锅炉负荷的变化，并对具体情况进行分析，才能采取正确的处理措施。如负荷急剧增加而水位突然上升，应明确：从蒸汽量大于给水量这一平衡的情况看，此时的水位上升现象是暂时的，很快就会下降，切不可减少给水量，而应强化燃烧，恢复蒸汽压力，待水位开始下降时，马上增加给水量，使其与蒸汽量相适应，恢复正常水位。如负荷上升的幅度较大，引起的水位变化幅度也很大，此时若控制不当就会引起满水，就应先适当减少给水量，以免满水，同时强化燃烧，恢复蒸汽压力；当水位刚有下降趋势时，立即加大给水量，否则又会造成水位过低。也就是说，应做到判断准确，处理及时。

4-216　锅炉汽包水位异常的原因有哪些？

（1）给水调节装置失灵。

（2）汽包水位测量装置故障。

（3）负荷变化率大、机组甩负荷、汽轮机高压汽门突变等导致主蒸汽压力突变。

（4）锅炉安全阀或汽轮机高压旁路动作。

（5）给水泵再循环阀误开。

（6）机组负荷或蒸汽流量突变。

（7）给水流量突变。

（8）给水系统阀门或管道故障。

（9）四管漏泄严重。

（10）机组 RB 动作。

（11）燃烧突变。

4-217　常用的汽包水位计有哪几种？

常用的汽包水位计有电接点水位计、压差水位计、云母水位计、磁翻板式水位计等。

4-218　二十五项反措中汽包水位保护是如何规定的？

（1）汽包水位保护不得随意退出，应建立完善的水位保护投停及审批制度。

（2）汽包水位保护在锅炉启动前和停炉前应进行实际传动试

验，应采用上水进行高水位保护试验，用排污门放水进行低水位保护试验，严禁用信号短接法进行模拟传动代替。

（3）三点水位信号应相互完全独立，汽包水位保护应采用三取二逻辑；当有一点退出运行时，应自动转为二取二方式，并办理审批手续，限期8h恢复；当有两点退出运行时，应自动转为一取一方式，并制定相应的安全措施，经总工程师批准，限期8h内恢复，否则立即停炉。

（4）在确认水位保护定值时，应充分考虑因温度不同而造成的实际水位与水位计（变送器）中水位差值的影响。

（5）水位保护不完整严禁启动锅炉。

4-219　锅炉云母水位计冲洗操作步骤是什么？

锅炉运行过程中应对水位计进行定期冲洗。当发现水位计模糊不清或水位停滞不动有堵塞时，应及时进行冲洗。一般冲洗步骤为：

（1）关闭汽、水侧二次阀后，再开启半圈。

（2）开启放水阀，对水位计及汽水连通管道进行汽水共冲。

（3）关闭水侧二次阀，冲汽侧连通管及水位计。

（4）微开水侧二次阀，关闭汽侧二次阀，冲水侧连通管及水位计。

（5）微开汽侧二次阀，关闭放水阀。

（6）全开汽水侧二次阀，水位计恢复运行后，应检查水位计内的水位指示，与另一侧运行的水位计指示一致且水位微微波动。如水位指示不正常或仍不清楚，应重新冲洗。

4-220　锅炉云母水位计冲洗操作注意事项有哪些？

（1）水位计在冲洗过程中，必须注意防止汽连通阀、水连通阀同时关闭的现象。因为这样会使汽、水同时不能进入水位计，水位计迅速冷却，冷空气通过放水阀反抽进入水位计，使冷却速度更快。当再开启水连通阀或汽连通阀，工质进入时，温差较大，会引起水位计的损坏。

（2）在工作压力下冲洗水位计时，放水阀应开得很小。这是因为水位计压力与外界环境压力相差很大，放水阀若开得过大，汽水剧烈膨胀，流速很高，有可能冲坏云母片或引起水位计爆破。放水阀开得越大，上述现象越明显。

（3）在进行冲洗或热态投入水位计时，应遵守《电业安全工作规程》规定：检查和冲洗时，应站在水位计的侧面，并看好退路，以防烫伤或水位计爆破伤人。操作应戴手套、缓慢小心，暖管应充足，以免产生大的热冲击。

4-221 为什么省煤器前的给水管路上要装止回阀？为什么省煤器要装再循环管？

在省煤器的给水管路上装止回阀的目的是为了防止给水泵或给水管路发生故障时，水从汽包或省煤器反向流动，因为如果发生倒流，将造成省煤器和水冷壁缺水而烧坏并危急人身安全。

省煤器装再循环管的目的是为了保护省煤器的安全。因为锅炉点火、停炉或其他原因停止给水时，省煤器内的水不流动就得不到冷却，会使管壁超温而损坏，当给水中断时，开启再循环阀，就在再循环管—省煤器—汽包—再循环管之间形成循环回路，使省煤器管壁得到不断的冷却。

4-222 结焦对锅炉汽水系统的影响是什么？

（1）结焦会引起蒸汽温度偏高。在炉膛大面积结焦时，会使炉膛吸热量大大减少，炉膛出口烟气温度过高，从而使过热器传热强化，造成过热蒸汽温度偏高，导致过热器管超温。

（2）破坏水循环。炉膛局部结焦以后，结焦部分水冷壁吸热量减少，循环流速下降，严重时会使循环停滞而造成水冷壁管爆破事故。

（3）降低锅炉出力。水冷壁结渣后，会使蒸发量下降，锅炉出力受到限制。

4-223 锅炉运行过程中为何不宜大开、大关减温水阀？更不宜将减温水阀关死？

锅炉运行过程中，蒸汽温度偏离额定值时是由开大或关小减温水阀来调节的。调节时要根据蒸汽温度变化趋势，均匀地改变减温水量，而不宜大开、大关减温水阀，这是因为：

（1）大幅度调节减温水，会出现调节过量，即原来蒸汽温度偏高时，由于猛增减温水，调节后跟着会出现蒸汽温度偏低，接着又猛关减温水阀后，蒸汽温度又会偏高，结果使蒸汽温度反复波动，控制不稳。

（2）会使减温器本身，特别是厚壁部件出现交变温差应力，以致使金属疲劳，减温器本身或焊口出现裂纹而造成事故。

（3）蒸汽温度偏低时要关小减温水阀，但不宜轻易地将减温水阀关死。因为减温水阀关死后，减温水管内的水不流动，温度逐渐降低。当再次启用减温水时，低温水首先进入减温器内，使减温器承受较大的温差应力，这样连续使用会使减温器端部、水室或喷头产生裂纹，从而影响安全运行。

4-224 如何判断蒸汽压力变化的原因是属于内扰或外扰？

通过流量的变化关系，来判断引起蒸汽压力变化的原因是内扰或外扰。

（1）在蒸汽压力降低的同时，蒸汽流量增大，说明外界对蒸汽的需求量增大；在蒸汽压力升高的同时，蒸汽流量减小，说明外界对蒸汽的需求量减小，这些都属于外扰。也就是说，当蒸汽压力与蒸汽流量的变化方向相反时，蒸汽压力变化的原因是外扰。

（2）在蒸汽压力降低的同时，蒸汽流量也减小，说明炉内燃料燃烧供热量不足，导致蒸发量减小；在蒸汽压力升高的同时，蒸汽流量也增大，说明炉内燃烧供热量偏多，使蒸发量增大，这都属于内扰。也就是说，蒸汽压力与蒸汽流量的变化方向相同时，蒸汽压力变化的原因是内扰。此判断内扰的方向仅适用于工况变化初期，即仅适用于汽轮机调速汽门未动作之前，而在调速汽门动作之后，锅炉蒸汽压力与蒸汽流量的变化方向是相反的，故运行中应予以注意。造成上述特殊情况的原因是：在外界负荷不变而锅炉燃烧量突然增大（内扰），最初在蒸汽压力上升的同时，蒸汽流量也增大，汽轮机为了维持额定转速，调速汽门将关小，这时，蒸汽压力将继续上升，而蒸汽流量减小，也就是蒸汽压力与流量的变化方向变为相反。

4-225　锅炉给水母管压力降低、流量骤减的原因有哪些？

（1）给水泵故障跳闸，备用给水泵自启动失灵。

（2）给水泵液力耦合器内部故障。

（3）给水泵调节系统故障。

（4）给水泵出口阀故障或再循环阀开启。

（5）高压加热器故障，给水旁路阀未开启。

（6）给水管道破裂。

（7）除氧器水位过低或除氧器压力突降使给水泵汽化。

（8）汽动给水泵在机组负荷骤降时，出力下降或汽源切换过程中故障。

4-226　为什么对流式过热器的蒸汽温度随负荷的增加而升高？

在对流式过热器中，烟气与管壁外的换热方式主要是对流换热，对流换热不仅与烟气的温度有关，而且与烟气的流速有关。当锅炉负荷增加时，燃料量增加，烟气量增多，通过过热器的烟气流速相应增加，因而提高了烟气侧的对流放热系数；同时，当锅炉负荷增加时，炉膛出口烟气温度也升高，从而提高了过热器平均温差。虽然流经过热器的蒸汽流量随锅炉负荷的增加而增加，其吸热量也增多，但是，由于传热系数和平均温差同时增大，使过热器传热量的增加大于蒸汽流量增加而要增加的吸热量。因此，单位蒸汽所获得的热量相对增多，出口蒸汽温度也就相对升高。

4-227 蒸汽压力变化对蒸汽温度有何影响？为什么？

当蒸汽压力升高时，过热蒸汽温度升高；当蒸汽压力降低时，过热蒸汽温度降低。这是因为当蒸汽压力升高时，饱和温度随之升高，则从水变为蒸汽需消耗更多的热量，在燃料量未改变的情况下，由于压力升高，锅炉的蒸发量瞬间降低，导致通过过热器的蒸汽量减少，相对蒸汽吸热量增大，导致过热蒸汽温度升高，反之亦然。该现象只是瞬间变化的动态过程，定压运行当蒸汽压力稳定后蒸汽温度随蒸汽压力的变化与上述现象相反。主要原因为：

（1）蒸汽压力升高时，过热热增大，加热到同样主蒸汽温度的每千克蒸汽吸热量增大，在烟气侧放热量一定时，主蒸汽温度下降。

（2）蒸汽压力升高时，蒸汽的比定压热容 c_p 增大，同样蒸汽吸收相同热量时，温升减小。

（3）蒸汽压力升高时，蒸汽的比体积减小，容积流量减小，传热减弱。

（4）蒸汽压力升高时，蒸汽的饱和温度增大，与烟气的传热温差减小，传热量减小。

4-228 造成锅炉受热面热偏差的基本原因是什么？

受热面结构不一致，对吸热量、流量均有影响，所以，通常把产生热偏差的主要原因归结为吸热不均和流量不均两个方面。

吸热不均方面：

（1）沿炉宽方向烟气温度、烟气流速不一致，导致不同位置的管子吸热情况不一样。

（2）火焰在炉内充满程度差，或火焰中心偏斜。

（3）受热面局部结渣或积灰，会使管子之间的吸热严重不均。

（4）对流式过热器或再热器，由于管子节距差别过大，或检修时割掉个别管子而未修复，形成烟气“走廊”，使其邻近的管子吸热量增多。

（5）屏式过热器或再热器的外圈管，吸热量比其他管子的吸热量大。

流量不均方面：

（1）并列的管子，由于管子的实际内径不一致（管子压扁、焊缝处突出的焊瘤、杂物堵塞等），长度不一致，形状不一致（如弯头角度和弯头数量不一样），造成并列各管的流动阻力大小不一样，使流量不均。

（2）联箱与引入、引出管的连接方式不同，引起并列管子两端压差不一样，造成流量不均。

4-229　漏风对锅炉运行的经济性和安全性有何影响？

不同部位的漏风对锅炉运行造成的危害不完全相同。但不管什么部位的漏风，都会使气体体积增大，使排烟热损失升高，从而使引风机电耗增大。如果漏风严重，引风机已开到最大还不能维持规定的负压（炉膛、烟道），被迫减小送风量时，会使不完全燃烧热损失增大，结渣可能性加剧，甚至不得不限制锅炉出力。

炉膛下部及燃烧器附近漏风可能影响燃料的着火与燃烧。由于炉膛温度下降，炉内辐射传热量减小，并降低炉膛出口烟气温度。炉膛上部漏风，虽然对燃烧和炉内传热影响不大，但是炉膛出口烟气温度下降，漏风点以后受热面的传热量将会减少。

对流烟道漏风将降低漏风点的烟气温度及以后受热面的传热温差，因而减小漏风点以后受热面的吸热量。由于吸热量减小，烟气经过更多受热面之后，烟气温度将达到或超过原有温度水平，因此会使排烟热损失明显上升。

综上所述，炉膛漏风要比烟道漏风危害大，烟道漏风的部位越靠前，其危害越大。空气预热器以后的烟道漏风，只使引风机电耗增大。

4-230　为什么采用蒸汽中间再热循环能提高电厂的经济性？

提高蒸汽初参数，就能够提高发电厂的热效率，而提高蒸汽初压力时，如果不采用蒸汽中间再热循环，那么要保证蒸汽膨胀到最后湿度在汽轮机末级叶片允许的限度以内，就需要同时提高蒸汽的初温度，但是提高蒸汽的初温度受到锅炉过热器和汽轮机高压部件及主蒸汽管道等钢材强度的限制，所以为了降低蒸汽终湿度，就必须采用中间再热循环。由此可见，采用了中间再热循环，实际上为进一步提高蒸汽初压力的可能性创造了条件，而不必担心蒸汽的终湿度会超出允许限度。因此采用中间再热循环能提高电厂的热经济性。

4-231　为什么采用给水回热循环和供热循环能提高电厂的经济性？

给水回热循环一方面利用了在汽轮机中部分做过功的蒸汽来加热给水，使给水温度提高，减少了由于较大温差传热带来的热损失；另一方面因为抽出了在汽轮机中做过功的蒸汽来加热给水，使得进入凝汽器的排汽量减少，从而减少了工质排向凝汽器中的热量损失，节约了燃料，提高了电厂的热经济性。

一般发电厂只生产电能，除了从汽轮机中抽出少量蒸汽加热给水外，绝大部分进入凝汽器，仍将造成大量的热损失。如果把汽轮机排汽不引入或少引入凝汽器，而供给其他工业、农业、生活等热用户加以利用，这样就会大大减少排汽在凝汽器中的热损失，提高了电厂的热效率，也即采用供热循环能提高电厂的热经济性。

4-232　凝汽式发电厂生产过程中都存在哪些损失？分别用哪些效率表示？

（1）锅炉设备中的热损失。表示锅炉设备中的热损失程度，用锅炉效率来表示，符号为 η_{gl}。

（2）管道热损失。用管道效率来表示，符号为 η_{gd}。

（3）汽轮机中的热损失。用汽轮机相对效率来表示，符号为 η_{ni}。

（4）汽轮机的机械损失。用汽轮机的机械效率来表示，符号为 η_{j}。

（5）发电机的损失。用发电机效率来表示，符号为 η_{d}。

（6）蒸汽在凝汽器内的放热损失。此项损失与理想热力循环的形式及初参数、终参数有关，用理想循环热效率来表示，符号为 η_{r}。

4-233 锅炉运行中影响燃烧经济性的因素有哪些？

（1）燃料质量变差，如挥发分下降，水分、灰分增大，使燃料着火及燃烧稳定性变差，燃烧完全程度下降。

（2）煤粉细度变粗，均匀度下降。

（3）风量及配风比不合理，如过量空气系数过大或过小，一、二次风风率或风速配合不适当，一、二次风混合不及时。

（4）燃烧器喷口结渣或烧坏，造成气流偏斜，从而引起燃烧不完全。

（5）炉膛及制粉系统漏风量大，导致炉膛温度下降，影响燃料的安全燃烧。

（6）锅炉负荷过高或过低。负荷过高时，燃料在炉内停留的时间缩短；负荷过低时，炉温下降，影响燃料的完全燃烧。

（7）制粉系统中旋风分离器堵塞，不完全燃烧损失增大。

（8）给粉机工作失常，下粉量不均匀。

4-234 什么是锅炉的热平衡？

锅炉的热平衡是燃料的化学能加输入物理显热等于输出热能加各项热损失，根据火力发电厂锅炉设备流程可分为输入热量、输出热量和各项损失。

1. 输入热量

（1）燃料的化学能：燃煤的低位发热量。

（2）输入的物理显热：燃煤的物理显热和进入锅炉空气带入的热量。

（3）转动机械耗电转变为热量：一次风机（排粉机）、磨煤机、送风机、强制循环泵等耗电转变的热量，这部分电能转换为热能在计算时将与管道散热抵消。

（4）油枪雾化蒸汽带入的热量：这部分热量当锅炉正常运行时油枪是退出运行的。

因此锅炉正常运行时，输入热量为燃料的化学能加输入的物理显热。

2. 输出热量

（1）过热蒸汽带走的热量为

$$Q_{gq}=D_{gq}(h_{gq}-h_{gs})\ (\mathrm{kJ/h})$$

式中 D_{gq}——过热蒸汽流量，kg/h；

h_{gq}——过热蒸汽焓，kJ/kg；

h_{gs}——给水焓，kJ/kg。

（2）再热蒸汽带走的热量为

$$Q_{zq}=D_{zq}(h''_{zq}-h'_{zq})\ (\mathrm{kJ/h})$$

式中 D_{zq}——再热蒸汽流量，kg/h；

h''_{zq}、h'_{zq}——再热器的出、入口蒸汽焓，kJ/kg。

（3）锅炉自用蒸汽带走的热量为

$$Q_{zy}=D_{zy}(h_{zy}-h_{gs})\ (\mathrm{kJ/h})$$

式中 D_{zy}——锅炉自用蒸汽量，kg/h；

h_{zy}——锅炉自用蒸汽的焓，kJ/kg。

（4）锅炉排污带走的热量为

$$Q_{pw}=D_{pw}(h_{b}-h_{gs})$$

式中 D_{pw}——排污水量，kg/h；

h_b——汽包压力下的饱和水焓，kJ/kg。

3. 各项热损失

(1) 锅炉排烟热损失：① 干烟气热损失；② 水蒸气热损失（空气带入水分、燃煤带入水分、氢气燃烧生成水分）。

(2) 化学未完全燃烧热损失（CO、CH_4）。

(3) 机械未完全燃烧热损失，包括飞灰可燃物热损失和灰渣可燃物热损失。

(4) 散热损失，锅炉本体及其附属设备散热损失。

(5) 灰渣物理热损失。

4-235 降低火力发电厂汽水损失的途径有哪些？

火力发电厂中存在着蒸汽和凝结水的损失，简称汽水损失。汽水损失是全厂性的技术经济指标，它主要是指阀门、管道泄漏、疏水、排汽等损失。汽水损失也可用汽水损失率来表示：汽水损失率=全厂汽水损失/全厂锅炉过热蒸汽流量×100%。发电厂的汽水损失分为内部损失和外部损失两部分。

内部损失：

(1) 主机和辅机的自用蒸汽消耗，如锅炉受热面的吹灰、燃油加热用汽、油枪的雾化蒸汽、轴封外漏蒸汽等。

(2) 热力设备、管道及其附件连接处不严所造成的汽水泄漏。

(3) 热力设备在检修和停运时的放汽和放水等。

(4) 经常性和暂时性的汽水损失，如锅炉连续排污、定期排污、除氧器的启动排汽、锅炉安全阀动作，以及化学监督所需的汽水取样等。

(5) 热力设备启动时用汽或排汽，如锅炉启动时的排汽、主蒸汽管道和汽轮机的暖管、暖机等。

外部损失：发电厂外部损失的大小与热用户的工艺过程有关，它的数量取决于蒸汽凝结水是否可以返回电厂，以及使用汽水的热用户对汽水污染情况。

降低汽水损失的途径：

（1）提高检修质量，加强堵漏工作，压力管道的连接尽量采用焊接形式，以减少工质泄漏。

（2）采用完善的疏水系统，按疏水品质分级回收。

（3）减少机组非停和启停次数，减少启停中的汽水损失。

（4）减少凝汽器的泄漏，提高给水品质，降低排污量。

4-236　从运行角度看，降低供电煤耗的主要措施有哪些？

（1）运行人员应加强运行调整，保证蒸汽压力、温度和凝汽器真空等参数在规定范围内。

（2）保持最小的凝结水过冷度。

（3）充分利用加热设备和提高加热设备的效率，提高给水温度。

（4）降低锅炉的各项热损失，例如调整氧量、煤粉细度向最佳值靠近、回收可利用的各种疏水、控制排污量等。

（5）降低辅机电耗，例如，适时切换高低速泵，降低水泵电耗，制粉系统在最大经济出力下运行等。

（6）降低点火及助燃用油，采用较先进的等离子点火和微油点火技术，根据煤质特点，尽早投入煤燃烧器等。

（7）合理分配全厂各机组负荷。

（8）确定合理的机组启停方式和正常运行方式。

4-237　机组采用变压运行方式主要有何优点？

（1）机组负荷变动时，主蒸汽温度、调节级温度、高压缸排汽温度、再热蒸汽温度基本维持不变，可以减少高温部件的温度变化，从而减小汽缸和转子的热应力、热变形，减少了末级叶片的冲蚀，同时压力降低，机械应力减小，提高了部件的使用寿命。

（2）合理选择在一定负荷下变压运行，能保持机组较高的效率。由于变压运行时调速汽门全开，在低负荷时节流损失很小；

因降压不降温，进入汽轮机的容积流量基本不变，汽流在叶片通道内偏离设计工况小，所以与同一条件的定压运行相比，机组内效率较高。

（3）机组低负荷运行时调速汽门晃动减小，变压运行时，调速汽门基本全开，前后压差减小，晃动减小。

（4）给水泵功耗减小，当机组负荷减小时，给水流量和压力也随之减小，给水泵的消耗功率也随之减小。

4-238 锅炉效率与负荷间的变化关系如何？

在较低负荷下，锅炉效率随负荷增加而提高，达到某一负荷时，锅炉效率为最高值，此时为经济负荷，超过该负荷后，锅炉效率随负荷升高而降低。这是因为在较低负荷下当锅炉负荷增加时，燃料量、风量增加，排烟温度升高，造成排烟热损失 q_2 增大；另外，锅炉负荷增加时，炉膛温度也升高，提高了燃烧效率，使化学不完全燃烧热损失 q_3 和机械不完全燃烧热损失 q_4 及炉膛散热损失 q_5 减小，在经济负荷以下时，$q_3+q_4+q_5$ 热损失的减小值大于 q_2 的增加值，故锅炉效率提高。当锅炉负荷增大到经济负荷时，$q_2+q_3+q_4+q_5$ 热损失达最小，锅炉效率提高，超过经济负荷以后会使燃料在炉内停留的时间过短，没有足够的时间燃尽就被带出炉膛，造成 q_3+q_4 热损失增大，排烟热损失 q_2 增大，锅炉效率也会降低。

4-239 汽轮机高压加热器解列对锅炉有何影响？

汽轮机高压加热器解列使给水温度降低，炉膛的水冷壁吸热量增加，在燃料量不变的情况下使炉膛温度降低，燃料的着火点推迟，火焰中心上移，辐射吸热量减少；若维持锅炉的蒸发量不变，则锅炉的燃料量必须增加，引起炉膛出口烟气温度升高，蒸汽温度升高。同时在电负荷一定的情况下，汽轮机抽汽量减少，中低压缸做功增大，减少了高压缸做功，造成主蒸汽流量减少，对管壁的冷却能力下降，进一步造成蒸汽温度升高。由于高压缸抽汽量的减少，致使再热器进出口压力上升，从而限制了机组的负荷，一般规定汽轮机高压加热器解列出力不大于额定出力的90%。给水温度降低，使尾部省煤器受热面吸热量增加，排烟温度降低，容易造成受热面的低温腐蚀。

4-240 锅炉炉膛安全监控系统（FSSS）的基本功能有哪些？

锅炉炉膛安全监控系统（Furnce Safeguard Supervisory System，FSSS）的基本功能如下：

（1）主燃料跳闸（MFT）。

（2）点火前及熄火后炉膛吹扫。

（3）燃油系统泄漏试验。

（4）具有自动点火、远方点火和就地点火功能。

（5）油、粉燃烧器及风门控制管理。

（6）火焰监视和熄火自动保护。

（7）机组快速甩负荷。

（8）辅机故障减负荷。

（9）火焰检测器冷却风管理。

（10）报警及CRT显示。

4-241 锅炉炉膛安全监控系统（FSSS）由哪几部分组成？各部分的作用是什么？

（1）主控屏。包括运行人员控制屏和就地控制屏，屏上设置所有的指令及反馈器件，指令器件用来操作燃料燃烧设备，反馈器件可监视燃烧的状态。运行人员控制屏通常安置在主控制室的控制台上，通过预制电缆与逻辑控制柜相连。

（2）现场设备。包括驱动器和敏感元件。驱动器中典型的有阀门驱动器、电动机（风门、给煤机、给粉机、磨煤机）等驱动器，它们可分别控制各辅机、设备的状态。敏感元件包括反映驱动器位置信息的元件（如限位开关等）及反映各种参数和状态的器件（如压力开关、温度开关、火检信号等）。

（3）逻辑系统。它是整个炉膛安全监控系统的核心，该系统根据操作盘发出的操作指令和控制对象传出的检测信号进行综合判断和逻辑运算，得出结果后发出控制信号用以操作相应的控制对象。逻辑控制对象完成操作动作后，经检测由逻辑控制系统发出返回信号送至操作盘，告诉运行人员执行情况。

4-242　锅炉主燃料跳闸（MFT）是什么意思？

锅炉主燃料跳闸（MFT）的意思是主燃料跳闸，即在保护信号动作时控制系统自动将锅炉燃料系统切断，并且联动相应的系统及设备，使整个热力系统安全地停运，以防止故障的进一步扩大。

4-243　汽包锅炉主燃料跳闸（MFT）动作条件有哪些？

（1）两台送风机全停。

（2）两台引风机全停。

（3）两台空气预热器全停。

（4）两台一次风机全停（无油枪运行时）。

（5）炉膛压力高。

（6）炉膛压力低。

（7）汽包水位高。

（8）汽包水位低。

（9）三台炉水泵全停。

（10）锅炉总风量低于25％。

（11）失去全部燃料。

（12）全炉膛灭火。

（13）失去火焰检测冷却风。

（14）手按“MFT”按钮。

（15）汽轮机主汽阀关闭。

4-244　锅炉主燃料跳闸（MFT）动作时联动哪些设备？

（1）一次风机跳闸。

（2）燃油快关阀关闭，燃油回油阀关闭，油枪电磁阀关闭。

（3）磨煤机、给煤机全停。

（4）汽轮机跳闸，发电机解列。

（5）厂用电自动切换备用电源运行。

（6）电除尘器停运。

（7）吹灰器停运。

（8）汽动给水泵跳闸，电动给水泵应自启。

（9）过热器、再热器减温水系统自动隔离。

（10）各层助燃风挡板开启，控制切为手动。

4-245　空气预热器的腐蚀与积灰是如何形成的？

由于空气预热器处于锅炉内烟气温度最低区，特别是空气预热器的冷端，空气的温度最低，烟气温度也最低，受热面壁温最低，因而最易产生腐蚀和积灰。

当燃用含硫量较高的燃料时，生成 SO_2 和 SO_3 气体，与烟气中的水蒸气生成亚硫酸或硫酸蒸气，在排烟温度低到使受热面壁温低于硫酸蒸气露点时，硫酸蒸气便凝结在受热面上，对金属壁面产生严重腐蚀，称为低温腐蚀。同时，空气预热器除正常积存部分灰分外，酸液体也会黏结烟气中的灰分，越积越多，易产生堵灰。因此，受热面的低温腐蚀和积灰是相互促进的。

4-246　新安装的锅炉在启动前应进行哪些工作？

（1）水压试验（超压试验），检验承压部件的严密性。

（2）辅机试转及各电动阀、风门的校验。

（3）烘炉。除去炉墙的水分及锅炉管内积水。

（4）煮炉与酸洗。用碱液清除蒸发系统受热面内的油脂、铁锈、氧化层和其他腐蚀产物及水垢等沉积物。

（5）炉膛空气动力场及漏风试验。

（6）吹管。用锅炉产生的蒸汽清除一、二次蒸汽管道内的杂质。

（7）安全阀校验。

（8）锅炉联锁保护装置试验。

4-247　进行炉膛冷态空气动力场试验的目的是什么？

炉膛冷态空气动力场试验是在冷炉状态下观察燃烧器和炉膛的空气动力场工况，即燃料、空气和燃烧产物三者运动情况的一项试验，目的是研究炉膛内气流工况，以便在运行操作中加以参考。

4-248　进行炉膛冷态空气动力场试验时应如何观察？

观察的方法通常有飘带法、纸屑法、火花法和测量法等。这些方法分别利用布带、纸屑和自身能发光的固体微粒及测试仪器等显示气流方向及微风区、回流区、涡流区的踪迹。

4-249　炉膛冷态空气动力场试验主要观察的内容有哪些？

炉膛气流的主要观察内容：

（1）炉内气流或火焰的充满程度。

（2）炉内气流的流动情况，以及是否有冲刷炉壁、贴墙和偏斜等现象。

（3）炉内各种气流的相互干扰情况。

四角布置直流式燃烧器的主要观察内容：

（1）射流的射程及沿轴线速度衰减情况。

（2）切圆的位置及大小。

（3）射流偏离燃烧器几何中心线的情况。

（4）一、二次喷口的混合距离及各射流的相对偏转程度。

（5）喷口倾角变化对射流混合距离及偏离程度的影响等。

旋流式燃烧器的主要观察内容：

（1）射流属开式还是闭式气流。

（2）射流的扩散角及回流区的大小和回流速度。

（3）射流的旋转情况及出口气流的均匀性。

（4）一、二次风的混合特性。

（5）调节部件对以上各射流特性的影响。

4-250　锅炉热效率试验的主要测量项目有哪些？

输入一输出热量法（正平衡法）：

（1）燃料量。

（2）燃料发热量及工业分析。

（3）燃料及空气温度。

（4）过热蒸汽、再热蒸汽及其他用途蒸汽的流量、压力和温度。

（5）给水和减温水的流量、压力和温度。

（6）暖风机进、出口的风温、风量，外来热源工质的流量、压力和温度。

（7）泄漏和排污量。

（8）汽包内压力。

热损失法（反平衡法）：

（1）燃料发热量、工业分析及元素分析。

（2）烟气分析。

（3）烟气温度。

（4）外界环境干、湿温度，大气压力。

（5）燃料及空气温度。

（6）暖风机进、出口空气温度、空气量。

（7）其他外来热源工质流量、压力和温度。

（8）各灰渣量分配比例及可燃物含量。

（9）灰渣温度。

（10）辅助设备功耗。

4-251　锅炉安全阀的校验原则是什么？

（1）锅炉大修后或安全阀部件检修后，均应对安全阀定值进行校验。带电磁力辅助操作机械的电磁安全阀，除进行机械校验外，还应做电气回路的远方操作试验及自动回路压力继电器的操作试验。纯机械弹簧式安全阀可采用液压装置进行校验调整，一般在75%～80%额定压力下进行。经液压装置调整后的安全阀，应至少对最低起座值的安全阀进行实际起座复核。

(2) 安全阀校验的顺序，应先高压，后低压，先主蒸汽侧，后再热蒸汽侧，依次对汽包、过热器出口及再热器进、出口安全阀逐一进行校验。

(3) 安全阀校验，一般应在汽轮发电机组未启动前或解列后进行。

4-252　锅炉安全阀校验应具备的条件是什么?

(1) 化学制水车间储存一定的除盐水量。

(2) 投入锅炉所有保护（汽包锅炉退出水位高、低保护）。

(3) 锅炉点火前的检查、试运行工作已结束，主要仪表校验合格并投入运行，安全阀及其排汽管、消声装置完整。

(4) 现场通信联络设施齐全。

(5) 现场就地压力表应更换，经校验合格准确度等级在0.5级以上的标准压力表，校验时需要经常与主控室内压力表进行核对，安全阀动作及回座压力以就地压力表指示为准。

(6) 过热器、再热器对空排汽阀及锅炉事故放水阀转动正常，灵活好用。

(7) 脉冲电磁安全阀电气回路静态转动试验合格。

(8) 校验工具、安全防护设施符合校验要求，且准备完毕。

4-253　锅炉安全阀校验的过程如何?

(1) 锅炉点火前炉膛吹扫，炉膛吹扫的通风量应大于25%额定风量，吹扫时间不少于5min。

(2) 锅炉点火、升压，按正常升温、升压速度，对于汽包锅炉，控制汽包下壁温度上升速度为0.5～1℃/min，汽包壁上、下温差最大不超过40℃，两侧蒸汽温差不大于30℃，两侧烟气温差不大于50℃。再热器无蒸汽通过时，控制炉膛出口烟气温度不大于540℃。

(3) 承压部件经检修后，应在蒸汽压力为0.5MPa时热紧螺栓，期间蒸汽压力应保持稳定。

(4) 压力升至工作压力的60%～80%时，暂停升压，进行远方电气回路操作起跳安全阀，每个安全阀试起跳放汽一次，每次约20s，详细检查安全阀起、回座情况，并对安全阀的编号进行复查。

(5) 当锅炉压力升到额定工作压力时，应对锅炉进行一次全面的严密性检查，同时利用对空排汽阀或旁路稳定压力。

(6) 当锅炉压力接近安全阀动作压力时，采用逐渐关小过热器对空排汽阀开度或调整高、低压旁路开度升压，使安全阀动作(记录安全阀动作压力)；若达到动作压力安全阀不起跳，应迅速减小锅炉热负荷，同时开大过热器的对空排汽阀，使压力降至起跳压力以下。安全阀起跳后应迅速减小锅炉热负荷，同时开大过热器的对空排汽阀，降低锅炉蒸汽压力，使安全阀回座(记录安全阀回座压力)。

(7) 在安全阀调整过程中，安全阀起座压力偏离定值时，对脉冲式安全阀，应调整重锤位置；若是弹簧安全阀和弹簧式脉冲安全阀，则调整弹簧的调整螺母，使其在规定的动作压力下动作。

(8) 安全阀校验结束应逐渐减小锅炉热负荷，根据情况开大过热器的对空排汽阀，按要求降低锅炉参数或滑参数停炉。

(9) 记录安全阀起座压力和回座压力。

4-254 锅炉安全阀校验时对排放量及起回座压力有何规定？

(1) 汽包和过热器上所装全部安全阀的蒸汽排放量总和应大于锅炉最大连续蒸发量。

(2) 当锅炉上所有安全阀均全开时，锅炉的超压幅度在任何情况下均不得大于锅炉设计压力的6%。

(3) 再热器进、出口安全阀的总排放量应大于再热器的最大设计流量。

(4) 直流锅炉启动分离器安全阀的排放量中所占的比例，应保证安全阀开启时过热器、再热器能得到足够的冷却。

(5) 安全阀的起座压力：汽包、过热器的控制安全阀为其工作压力的1.05倍，工作安全阀为其工作压力的1.08倍；再热器进、出口的控制安全阀为其工作压力的1.08倍，再热器进、出口的工作安全阀为其工作压力的1.1倍。

(6) 安全阀的回座压差，一般应为起座压力的4%～7%，最大不得超过起座压力的10%。

4-255　降低锅炉NO_x排放的燃烧技术措施有哪些？

目前，降低锅炉NO_x排放的燃烧技术主要从以下四个方面来控制：

(1) 空气分级燃烧技术。将空气分成多股，使之逐渐与煤粉相混合而燃烧，这样可以减小火焰中心处的风煤比，由于煤在热分解和着火阶段缺氧，因此可以抑制NO_x的产生。

(2) 烟气再循环燃烧技术。将锅炉尾部烟气抽出掺混到一次风中，一次风因烟气混入而氧气浓度降低，同时低温烟气会使火焰温度降低，也能使NO_x的生成受到抑制。

(3) 浓淡燃烧技术。由于煤粉在浓相区着火燃烧是在缺氧条件下进行的，因此可以减少NO_x的生成量。

(4) 燃料分级燃烧法。向炉内燃尽区再送入一股燃料流，使煤粉在氧气不足的条件下热分解，形成还原区，在还原区内使已生成的NO_x还原成N_2。

4-256　什么是仪表活动分析？仪表活动分析有何作用？

锅炉运行时的工作状态，是通过各种仪表的指示来反映的。根据仪表的指示数据及其变化趋势，分析锅炉工作状况是否正常的工作，即称为仪表活动分析。

锅炉控制室装有各种热工检测仪表，这些仪表的测点取自锅炉的有关部位，能测知不同部位的有关数据（如压力、温度、流量、水位、电流等），根据这些数据就可分析、判断锅炉的工作状况。一旦发现某个仪表指示不正常，就应检查与之有关的其他仪表指示是否正常，根据相互对比，可分析判断出是锅炉运行状态不正常，还是仪表本身指示不正常。仪表活动分析在锅炉运行中可起到消除事故隐患的作用，因为事故发生时，从各种仪表的异常反应就可分析判断出事故的部位及性质，这就为正确和及时处理事故创造了条件。

4-257　炉水 pH 值变化对硅酸溶解携带系数的影响如何?

当提高炉水中 pH 值时，水中的 OH^- 浓度增加，硅酸与硅酸盐之间处于水解平衡状态，$SiO_3^{2-}+H_2O=HSiO_3^-+OH^-$，$HSiO_3^-+H_2O=H_2SiO_3+OH^-$，使锅炉水中的硅酸减少，随着炉水中 pH 值的上升，饱和蒸汽中硅酸的溶解携带系数减小；反之，降低炉水中 pH 值，炉水中的硅酸增多，饱和蒸汽中硅酸的溶解携带系数将增大。

4-258　为什么停炉以后，已停电的引、送风机有时仍会旋转?

停炉以后，引、送风机的开关置于停电位置，但有时引、送风机仍然会继续旋转一段时间。停炉后的短时间内，炉膛和烟囱的温度都比较高，能产生较大的抽力，若引、送风机的入口导向挡板和锅炉不严密，冷空气漏入经炉膛和引风机入口导向挡板不严密处而进入烟囱，排入大气。如从送风机和锅炉各处漏入的空气较多，有可能维持引、送风机缓慢旋转，随着停炉时间的延长，炉膛和烟囱的温度逐渐降低，抽力逐渐减小，漏入的冷风随之减少，当不足以克服风机叶轮旋转产生的阻力时，风机停止转动。

4-259 对流受热面积灰的原因是什么？

对流受热面一般指对流式过热器、对流式再热器、对流管束、省煤器和空气预热器。因为这些受热面的烟气侧放热是以对流放热为主，所以称为对流受热面。

锅炉运行时，对流受热面的积灰是无法避免的。仔细观察就会发现，对流受热面积的灰都是颗粒很小的灰，当灰粒的当量直径小于 $3\mu m$ 时，灰粒与金属间和灰粒间的万有引力超过灰粒本身的重量，当灰粒接触金属表面时，灰粒将会黏附在金属表面上不掉下来。

烟气流动时，因为烟气中灰粒的电阻较大会发生静电感应，虽然对流受热面的材料是良好的导体，但是当对流受热面积灰后，其表面就变成绝缘体，很容易将因静电感应而产生异种电荷的灰粒吸附在表面上。实践证明，对流受热面积的灰大多是当量直径小于 $10\mu m$ 的灰粒。

对流受热面的积灰一开始较快，但很快会达到动态平衡，一方面积灰继续发生，另一方面在烟气中颗粒较大的灰粒冲击下又使对流受热面上的积灰脱落，由于管子正面受到较大灰粒的冲击，因此管子的正面积灰较少，而管子的背面积灰较多。

4-260 对流受热面积灰的危害有哪些？

由于灰粒的热导率很小，对流受热面积灰，使得热阻显著增加，传热恶化，烟气得不到充分冷却，排烟温度升高，导致锅炉热效率降低，甚至影响锅炉出力。积灰还使烟气流通截面减小，烟气流动阻力增加，从而使引风机的耗电量增加。因此，采取各种措施保持对流受热面的清洁对提高锅炉热效率、节约引风机的耗电量是很有必要的。

4-261 减小锅炉受热面热偏差的措施有哪些？

锅炉受热面分级布置，并采用大直径的中间混合联箱；合理布置宽度方向的屏间节距，防止运行中摆动；联箱连接管左右交叉布置，减小左右偏差；采用合理的蒸汽引入引出方式；根据热负荷采用不同管径、壁厚的管圈；加装节流圈，消除流量不均；采取强制循环方式；利用流量不均来消除吸热不均；屏式过热器外圈U形管采用大管径或缩短管圈；采用消旋二次风；吹灰，打渣。

4-262　锅炉防冻应重点考虑哪些部位？如何防冻？

为了防止冻坏管线和阀门，在冬季要考虑锅炉的防冻问题。对于室内布置的锅炉，只要不是锅炉全部停用，一般不会发生冻坏管线和阀门的问题。对于露天或半露天布置的锅炉，如果当地最低气温低于0℃，要考虑冬季防冻问题。由于停用的锅炉本身不再产生热量，而且管线内的水处于静止状态，当气温低于0℃时，管线和阀门容易冻坏。最容易冻坏的部位是水冷壁下联箱定期排污管至一次阀前的一段管线，以及各联箱至疏水一次阀前的管线和压力表管。因为这些管线细，管内的水较少，热容量小，气温低于0℃时，首先结冰。

为了防止冬季冻坏上述管线和阀门，应将所有疏放水阀门开启，把炉水和仪表管路内的存水全部放掉，并防止有死角积水的存在。因为立式过热器管内的凝结水无法排掉，冬季长时间停用的锅炉，要采取特殊的防冻措施，如投入锅炉一、二次风暖风器等，防止过热器管冻裂。对于运行锅炉的上述易冻管线，要采取伴热措施。

第五章

事故处理

5-1　机组事故处理的原则是什么？

事故发生时，应按“保人身、保电网、保设备”的原则进行处理，并在值长统一指挥下正确处理。在交接班期间发生故障时，应停止交接班，由交班者处理，接班者可在交班者同意下协助处理，事故处理告一段落后再进行交接班。事故处理完毕，应将所观察到的现象、事故发展的过程和对应时间及采取的处理措施等进行详细的记录，并将事故发生及处理过程中的有关数据记录收集备齐，以备故障分析。事故发生时的处理要点：根据仪表显示及设备的异常现象判断事故发生的部位，迅速处理事故，首先解除对人身、电网及设备的威胁，防止事故蔓延，必要时应立即解列或停用发生事故的设备，确保非事故设备正常运行。迅速查清原因，消除事故。

5-2　运行中辅机跳闸处理的原则是什么？

（1）迅速启动备用辅机。

（2）重要的辅机跳闸后，在没有备用辅机或不能迅速启动备用辅机的情况下，为保证锅炉安全运行，可以进行重合闸跳闸设备。重合闸时，需确认满足以下条件后方可进行：①跳闸前无电流过大；②无机械部分故障；③ 锅炉未灭火。

（3）跳闸的辅机存在下列情况之一者，禁止重新启动，故障消除后方可启动：①电气故障；②热控装置故障；③机械部分故障；④威胁人身安全。

（4）故障处理完毕后，运行人员应实事求是地把故障发生的时间、现象及所采取的措施，记录在交接班记录簿内。

5-3　锅炉哪些辅机装有事故按钮？事故按钮在什么情况下使用？

送风机、引风机、一次风机、磨煤机、排粉机、密封风机、预热器、电动给水泵、炉水循环泵、脱硫增压风机等辅机均配有事故按钮。

在下述情况下，应立即按下事故按钮：

（1）强烈振动、窜轴超过规定值或内部发生撞击声。

（2）轴承冒烟、着火，轴承温度急剧上升并超过额定值。

（3）电动机及其附属设备冒烟、着火或水淹。

（4）电动机转子与定子摩擦冒火。

（5）危及人身安全。

5-4 如何判断锅炉泄漏？

（1）炉管泄漏报警装置泄漏报警。

（2）仪表分析。根据给水流量、主蒸汽流量、炉膛及烟道各段烟气温度、各段蒸汽温度、壁温、省煤器水温和空气预热器风温、炉膛负压、引风电流等的变化及减温水流量的变化综合分析。

（3）就地检查。泄漏处有不正常的响声，有时有汽水外冒。省煤器泄漏，输灰管处有灰水流出，泄漏处局部为正压。

（4）炉膛部分泄漏，燃烧不稳，有时会造成灭火。

（5）烟囱烟气变白，烟气量增多。

（6）再热器管泄漏时，电负荷下降。

5-5 "二十五项反措"中对防止炉膛爆炸方面有什么要求？

（1）根据DL/T 435—2004《电站煤粉锅炉炉膛防爆规程》制定防止锅炉灭火放炮的措施。

（2）加强燃煤的监督管理，完善混煤设施。加强配煤管理和煤质分析，并及时将煤质情况通知运行人员，做好调整燃烧的应变措施，防止发生锅炉灭火。

（3）新炉投产、锅炉改进性大修后或当实用燃料与设计燃料有较大差异时，应进行燃烧调整，以确定一、二次风量、风速、合理的过剩空气量、风煤比、煤粉细度、燃烧器倾角或旋流强度及不投油最低稳燃负荷等。

（4）当炉膛已经灭火或已局部灭火并濒临全部灭火时，严禁投助燃油枪。当锅炉灭火后，要立即停止燃料（含煤、油、燃气、制粉乏气风）供给，严禁用爆燃法恢复燃烧。重新点火前，必须对锅炉进行充分通风吹扫，以排除炉膛和烟道内的可燃物质。

（5）严禁随意退出火焰探头或联锁装置，因设备缺陷需退出时，应经总工程师批准，并事先做好安全措施。

（6）加强点火油系统的维护管理，消除泄漏，防止燃油漏入炉膛发生爆燃。对燃油速断阀要定期试验，确保动作正确、关闭严密。

5-6　“二十五项反措”中对防止锅炉尾部再次燃烧事故有什么要求？

（1）精心调整锅炉制粉系统和燃烧系统运行工况，防止未完全燃烧的油和煤粉存积在尾部受热面或烟道上。

（2）锅炉燃用渣油或重油时应保证燃油湿度和油压在规定值内，保证油枪雾化良好、燃烧完全。锅炉点火时应严格监视油枪雾化情况，一旦发现油枪雾化不好应立即停用，并进行清理检修。

（3）回转式空气预热器应设有可靠的停转报警装置、完善的水冲洗系统和必要的碱洗手段，并宜有停炉时可随时投入的碱洗系统。消防系统要与空气预热器蒸汽吹灰系统相连接，热态时需要投入蒸汽进行隔绝空气式消防。回转式空气预热器在空气及烟气侧应装设消防水喷淋水管，喷淋面积应覆盖整个受热面。

（4）若锅炉较长时间低负荷燃油或煤油混烧，可根据具体情况利用停炉对回转式空气预热器受热面进行检查，重点检查中层和下层传热元件，若发现有垢时要碱洗。

（5）运行规程应明确省煤器、空气预热器烟道在不同工况的烟气温度限制值，当烟气温度超过规定值时，应立即停炉。利用吹灰蒸汽管或专用消防蒸汽将烟道内充满蒸汽，并及时投入消防水进行灭火。

(6) 若发现回转式空气预热器停转，则应立即将其隔绝，投入消防蒸汽和盘车装置。若挡板隔绝不严或转子盘不动，则应立即停炉。

(7) 锅炉负荷低于25%额定负荷时应连续吹灰，锅炉负荷大于25%额定负荷时，至少每8h吹灰一次，当回转式空气预热器烟气侧压差增加或低负荷煤油混烧时，应增加吹灰次数。

5-7 “二十五项反措”中对防止锅炉汽包满水和缺水事故有什么要求?

(1) 汽包锅炉应至少配置两只彼此独立的就地汽包水位计和两只远传汽包水位计。水位计的配置应采用两种以上工作原理共存的配置方式，以保证在任何运行工况下锅炉汽包水位的正确监视。

(2) 水位计、水位平衡容器或变送器与汽包连接的取样管，一般应至少有1∶100的倾斜度。对于就地连通管式水位计（即玻璃板式、云母板式、牛眼式、电接点式），汽侧取样管为取样孔侧高，水侧取样管为取样孔侧低。对于压差式水位计，汽侧取样管为取样孔侧低，水侧取样管为取样孔侧高。

(3) 汽包水位测量系统，应采取正确的保温、伴热及防冻措施，以保证汽包水位测量系统的正常运行及正确性。两取样管平行敷设，共同保温，中间不能有保温隔离层，伴热设施对两管伴热均匀，不应造成两管内冷凝水出现温差。

(4) 当各水位计偏差大于30mm时，应立即汇报，并查明原因予以消除。当不能保证两种类型水位计正常运行时，必须停炉处理。

(5) 当一套水位测量装置因故障退出运行时，应填写处理故障的工作票，工作票应写明故障原因、处理方案、危险因素预告等注意事项，一般应在8h内恢复。若不能完成，应制定措施，经总工程师批准，允许延长工期，但最多不能超过24h，并报上级主管部门备案。

（6）锅炉汽包水位高、低保护应采用独立测量的三取二逻辑判断方式。当有一点因某种原因需退出运行时，应自动转为二取二的逻辑判断方式，并办理审批手续，限期（不宜超过8h）恢复；当有两点因某种原因需退出运行时，并自动转为一取一的逻辑判断方式，并制定相应的安全运行措施，经总工程师批准，限期（8h以内）恢复，如逾期不能恢复，则应立即停止锅炉运行。

（7）锅炉汽包水位保护在锅炉启动前和停炉前应进行实际传动校检。用上水方法进行高水位保护试验、用排污门放水的方法进行低水位保护试验，严禁用信号短接方法进行模拟传动替代。

（8）锅炉水位保护的停退，必须严格执行审批制度。

（9）汽包锅炉水位保护是锅炉启动的必备条件之一，水位保护不完整严禁启动。

（10）对于控制循环汽包锅炉，炉水循环泵压差保护采取二取二方式。当有一点故障退出运行时，应自动转为一取一的逻辑判断方式，并办理审批手续，限期恢复（不宜超过8h）；当两点故障超过4h时，应立即停止该炉水循环泵的运行。

（11）当在运行中无法判断汽包确实水位时，应紧急停炉。

（12）高压加热器保护装置及旁路系统应正常投入，并按规程进行试验，保证其动作可靠。当因某种原因需退出高压加热器保护装置时，应制定措施，经总工程师批准，并限期恢复。

（13）给水系统中各备用设备应处于正常备用状态，按规程定期切换。当失去备用时，应制定安全运行措施，限期恢复投入备用。

（14）运行人员必须严格遵守值班纪律，监盘思想集中，经常分析各运行参数的变化，调整要及时，准确判断及处理事故。不断加强运行人员的培训，提高其事故判断能力及操作技能。

5-8 “二十五项反措”中对防止制粉系统爆炸和煤尘爆炸事故有什么要求?

(1) 要坚持执行定期降粉制度和停炉前煤粉仓空仓制度。

(2) 根据煤种控制磨煤机的出口温度，制粉系统停止运行后，对输粉管道要充分进行抽粉。

(3) 加强燃用煤种的煤质分析和配煤管理，燃用易自燃的煤种应及早通知运行人员，以便加强监视和检查，发现异常及时处理。

(4) 当发现粉仓内温度异常升高或确认粉仓内有自燃现象时，应及时投入灭火系统，防止因自燃引起粉仓爆炸。

(5) 设计制粉系统时，要尽量减少制粉系统的水平管段，煤粉仓要做到严密、内壁光滑、无积粉死角，抗爆能力应符合规程要求。

(6) 加强防爆门的检查和管理工作，防爆薄膜应有足够的防爆面积和规定的强度。防爆门动作后喷出的火焰和高温气体，要改变排放方向或采取其他隔离措施，以避免危及人身安全、损坏设备和烧损电缆。

(7) 制粉系统煤粉爆炸事故后，要找到积粉着火点，采取针对性措施消除积粉。

(8) 消除制粉系统和输煤系统的粉尘泄漏点，降低煤粉浓度。大量放粉或清理煤粉时，应杜绝明火，防止煤尘爆炸。

(9) 煤粉仓、制粉系统和输煤系统附近应有消防设施，并备有专用的灭火器材，消防系统水源应充足、水压符合要求。消防灭火设施应保持完好，按期进行试验。

(10) 煤粉仓投运前应做严密性试验。凡投产时未作过严密性试验的要补做漏风试验，如发现有漏风、漏粉现象要及时消除。

5-9 什么情况下应立即紧急停止锅炉运行?

(1) 锅炉灭火保护拒动。

(2) 锅炉严重满水或缺水。

(3) 所有水位计损坏或失灵，无法监视正常水位。

(4) 主给水、过热蒸汽、再热蒸汽管道发生爆破。

(5) 炉管爆管，威胁人身或设备安全。

(6) 锅炉尾部烟道发生二次燃烧。

(7) 再热器汽源中断。

(8) 锅炉压力升高至安全阀动作压力而安全阀拒动，锅炉超压。

(9) 炉膛或烟道内发生爆炸，使主要设备损坏。

(10) 热工仪表、控制电源中断，无法监视、调整主要运行参数。

(11) 锅炉机组范围发生火灾，直接威胁锅炉的安全运行。

(12) 所有引风机、送风机或空气预热器停止。

5-10　什么情况下应申请停止锅炉运行？

(1) 锅炉承压部件泄漏，运行中无法消除。

(2) 受热面金属壁温严重超温，经多方调整无效。

(3) 蒸汽温度超过允许值，经采取措施无效。

(4) 锅炉给水、炉水、蒸汽品质严重恶化，经处理无效。

(5) 锅炉安全阀有缺陷，不能正常动作。

(6) 锅炉安全阀动作后不回座。

(7) 炉膛严重结渣或严重堵灰而难以维持正常运行。

(8) 主要设备的支吊架发生变形或断裂。

(9) 热控系统故障，严重影响正常监视和调节。

5-11　锅炉爆管后为什么要紧急停炉？

锅炉在正常运行中，炉管突然发生爆管，经降负荷和加强进水仍不能维持汽包水位时，说明炉管爆管面积大，如不立即停炉便会造成干锅，引起更大的设备事故，同时还有下列危害：

(1) 蒸汽充满整个炉膛和烟道，炉内负压变正，炉内温度降低，造成燃烧不稳。

（2）部分蒸汽冲刷炉管，使炉管损坏加剧。

（3）机组蒸汽压力会大幅度下降，威胁汽轮机安全。

（4）炉管爆管面积大，蒸汽压力下降极快，还会使汽包壁温差增大，造成汽包弯曲、变形。

（5）大量上水可能会引起除氧器水位过低，给水泵入口汽化。

5-12　为什么压力超限安全阀拒动要紧急停炉？

锅炉设备是通过强度计算而确定所用钢材的，为了有效地利用钢材，节省费用，所选钢材的安全系数都较低。安全阀是防止锅炉超压、保证锅炉设备安全运行的重要设备。当锅炉内蒸汽压力超过安全阀动作压力值时，安全阀自动开启，将蒸汽排出，使压力恢复正常。如压力超过安全阀动作压力，安全阀拒动，则锅炉内汽水压力将会超过金属所能承受的压力值，造成炉管爆破事故。另外，锅炉压力过高，对汽轮机也是不允许的，所以必须紧急停炉。

5-13　为什么省煤器管泄漏停炉后不准开启省煤器再循环阀？

停炉后一段时间内因为炉墙的温度还比较高，当锅炉不上水时，省煤器内没有水流动，为了保护省煤器，防止过热，应将省煤器再循环阀开启。但是如果省煤器泄漏，则停炉后不上水时不准开启再循环阀，防止汽包里的水经再循环管，从省煤器漏掉。按规定停炉 24h 后，如果水温不超过 80℃，才可将炉水放掉。如果当炉水温度较高，汽包里的水过早地从省煤器管漏完，因对流管或水冷壁管壁比汽包壁薄得多，管壁热容量小，冷却快，汽包壁热容量大，冷却慢，容易引起汽包胀口泄漏，或管子焊口出现较大的热应力。为了保护省煤器，停炉后可采取降低补给水流量，延长上水时间的方法使省煤器得到冷却。

5-14　为什么发生锅炉缺水事故时蒸汽温度会升高？

锅炉发生缺水事故时的一个现象是蒸汽温度升高。有人认为，发生缺水事故时，因水位降低，汽包蒸汽空间增大，汽水分离条件改善，蒸汽携带的水分减少，使蒸汽温度升高，这种观点是不对的。因为锅炉在正常水位范围内，汽包内的汽水分离设备可使分离效率达到99.9%以上，进入过热器的蒸汽携带的水分很少，这部分水量对蒸汽温度的影响可忽略不计，从正常水位降至下限水位对汽水分离效率没有什么影响。锅炉发生缺水事故的常见原因，是给水压力降低，给水流量减少造成的。锅炉正常运行时，减温器处于工作状态，即减温器保持一定的减温水量，当给水压力降低时，在减温水调节阀开度不变的情况下，减温水量将会减少，从而使蒸汽温度升高。

5-15　锅炉严重缺水后为什么不能立即进水？

锅炉严重缺水后，此时水位已无法准确监视，如果已干锅，水冷壁管可能过热、烧红，这时突然进水会造成水冷壁管急剧冷却，炉水立即蒸发，蒸汽压力突然升高，金属受到极大的热应力而炸裂。锅炉严重缺水紧急停炉后，只有经过技术主管单位研究分析，全面检查，摸清情况后，由总工程师决定上水时间，恢复水位后，才能重新点火。

5-16　锅炉主燃料跳闸（MFT）动作的现象是什么？

（1）锅炉MFT声光报警。

（2）火焰电视无火焰显示。

（3）所有运行制粉系统跳闸，一次风机跳闸。

（4）锅炉油燃料跳闸（Oil Fule Trip，OFT）动作，燃油速断阀关闭。

（5）减温水阀关闭。

（6）炉膛负压突然增大。

（7）蒸汽温度、蒸汽压力下降，汽包水位先下降后升高。对于直流锅炉，汽轮机跳闸，蒸汽压力会出现短暂的升高。

5-17 锅炉灭火的原因有哪些？

（1）锅炉热负荷太低，燃烧不稳又未能及时投油助燃。

（2）煤质变差未及时调整燃烧或未及时发现。

（3）风量调整不当。

（4）炉膛负压调整过大。

（5）给粉机断粉或下粉不均。

（6）炉膛掉大焦。

（7）锅炉爆管，大量汽水冲入炉膛。

（8）主要辅机故障跳闸。

5-18 锅炉灭火后为什么要立即停止一切燃料？

炉膛灭火后如不及时停止一切燃料，则大量可燃物会滞留于炉膛和烟道内。在炉内高温余热的作用下，当可燃物达到着火浓度时，便会产生炉膛爆炸事故。因此，炉膛内灭火时要紧急停炉，并进行充分通风，防止炉膛内存积燃料引起再燃烧和爆燃。

5-19 锅炉灭火后，炉膛负压为什么急剧增大？

在采用平衡通风的锅炉中，通常是用送风机克服空气侧的阻力并维持燃烧器内一定的风压，以达到良好配风和燃料完全燃烧的目的，用引风机克服烟气侧的流动阻力。为了防止火焰和高温烟气喷出伤人，避免环境污染，锅炉正常运行时，炉膛通常保持负压－60～－40Pa。过大的负压会因漏入冷风增加，造成排烟温度升高，锅炉热效率降低。锅炉正常运行时，引风机将送入炉膛的空气、燃料和漏入的空气排至烟囱，保持一定的平衡，炉膛负压基本不变。锅炉灭火后的瞬间，虽然送入炉膛的空气量、燃料量、漏入的空气量没有减少，但由于炉膛灭火后，温度迅速降低，烟气的体积突然缩小几倍，烟气的流动阻力大大降低，而空气的流动阻力下降较少，原来存在于引、送风机间的平衡关系被破坏，从而导致炉膛负压突然增大。锅炉灭火时，通常炉膛负压表的指针指到负压最大量程上。

5-20　锅炉尾部烟道再燃烧时为什么要紧急停炉？

锅炉尾部受热面通常布置有省煤器、空气预热器。省煤器使用的一般都是20号钢，使用极限温度为480℃。空气预热器蓄热元件钢材的极限温度一般为450℃，大型锅炉空气预热器采用回转式的，在正常运行中，各部受热面的温度都在允许值内。但在烟道再燃烧时，由于烟气温度急剧上升，管壁温度超过极限值，会使尾部受热面损坏，省煤器爆管，回转式空气预热器变形、卡涩，机械部分损坏，波形板烧毁。省煤器一般都采用非沸腾式的，管径都比较小，如果尾部再燃烧，将使省煤器工质汽化流动阻力增加，进水困难，导致缺水。如果省煤器的沸腾度过高，会使汽包、下降管入口处供水欠焓大大降低，使下降管带汽，则下降管与上升管内工质密度差降低，水循环运动压头降低，造成水循环故障。另外，省煤器一般水平布置，如果管内汽水两相并存，水平管上部是汽，因汽比水的换热系数小，则会造成上壁超温。尾部烟道内积有可燃物，当温度和浓度达到一定值时会发生爆炸，造成尾部受热面和炉墙严重损坏。因此，发现锅炉尾部受热面发生再燃烧且排烟温度达250℃时，要紧急停炉。

5-21　锅炉运行中单台一次风机跳闸应如何处理？

RB如正确动作，则由RB功能自动完成，运行应密切监视，必要时切为手动干预，否则按下列要求执行：

（1）一台一次风机跳闸，应立即投油助燃，稳定燃烧。

（2）切掉上层部分制粉系统，机组降负荷至50%以下运行，注意控制蒸汽温度、蒸汽压力。

（3）若锅炉已灭火或锅炉有灭火的可能，但不能准确判断，立即手动紧急停炉。

（4）若锅炉未灭火，则关闭跳闸风机侧预热器一次风出口门及入口联络门，隔离跳闸风机，增加运行风机负荷，维持合适的一次风压，监视各磨煤机风量在正常范围。

（5）查明风机跳闸原因，检查无问题后恢复跳闸侧风机，启动风机时应注意控制炉膛负压。

（6）如两台一次风机同时跳闸且无油枪在运行，则 MFT 应动作，否则手动紧急停炉。

5-22 锅炉运行中，单台一次风机跳闸时，处理关键点是什么？

（1）快速降低机组负荷至 50%以下。

（2）根据单台一次风机运行工况切除磨煤机。

（3）隔绝停运磨煤机通风。

（4）加强运行磨煤机监视，防止堵磨。

（5）加强运行一次风机监视，防止过负荷。

5-23 启动电动机时应注意什么？

（1）如果接通电源开关，电动机转子不动，应立即拉闸，查明原因并消除故障后，才允许重新启动。

（2）接通电源开关后，电动机发出异常响声，应立即拉闸，检查电动机的传动装置及熔断器等。

（3）接通电源开关后，应监视电动机的启动时间和电流表的变化。如启动时间过长或电流表电流迟迟不返回，则应立即拉闸，进行检查。

（4）在正常情况下，厂用 6kV 电动机允许在冷态下启动两次，每次间隔时间不得少于 5min；在热态下启动一次。只有在处理事故时，才可以多启动一次。

（5）启动时发现电动机冒火或启动后振动过大，应立即拉闸，停机检查。

（6）如果启动电动机后发现转向错误，应立即拉闸、停电，调换三相电源任意两相后再重新启动。

5-24 转动机械滚动轴承发热的原因是什么?

(1) 轴承内缺油。

(2) 轴承内加油过多，或油质过稠。

(3) 轴承内油脏污，混入了小颗粒杂质。

(4) 转动机械轴弯曲。

(5) 传动装置校正不正确，如联轴器偏心，传动带过紧，使轴承受到的压力增大。

(6) 摩擦力增加。

(7) 轴承端盖或轴承安装不好，配合得太紧或太松。

(8) 冷却水温度高，或冷却水管堵塞流量不足，冷却水流量中断等。

5-25 空气预热器发生腐蚀与积灰有何危害?

空气预热器受热面发生低温腐蚀时，不仅使传热元件的金属被锈蚀掉造成漏风增大，而且还因其表面粗糙不平和具有黏性产物使飞灰发生黏结，由于被腐蚀的表面覆盖着这些低温黏结灰及疏松的腐蚀产物而使通流截面减小，引起烟气及空气之间的传热恶化，导致排烟温度升高，空气预热不足及送风机、引风机电耗增大。若腐蚀情况严重，则需停炉检修，更换受热面，这样不仅要增加检修的工作量，降低锅炉的可用率，还会增加金属和资金的消耗。

5-26 低温腐蚀形成的原因是什么？降低低温腐蚀的措施有哪些?

低温腐蚀是由于烟气中的硫酸蒸气凝结在受热面上而发生的腐蚀。它是由于燃料中含有硫，燃烧后形成 SO_2，其中少量的进一步氧化生成 SO_3，SO_3 与烟气中的水蒸气结合成为硫酸，含有硫酸蒸气的烟气露点温度大为升高。当受热面壁温低于露点温度时，硫酸蒸气就会在管壁上凝结，并腐蚀管壁金属。

降低低温腐蚀的措施有：提高壁面温度；采用热管空气预热

器；采用耐腐材料；采用低氧燃烧；采用添加剂；燃料脱硫；采用回转式空气预热器。

5-27　影响空气预热器低温腐蚀的因素有哪些？

（1）烟气露点。露点越低，越容易结露。

（2）燃料含硫量。燃料中的硫是形成 SO_3 的根本原因，燃料中含硫越多，烟气中生成 SO_3 转化为硫酸的量也越多，露点温度也就越高，当壁温低于露点时，就产生了硫酸露点腐蚀。

（3）过量空气系数。低氧燃烧不但可以减少热损失，也可以抑制烟气中 SO_2 转化为 SO_3，有效防止低温腐蚀。

（4）硫酸浓度。对一般碳钢而言，当硫酸浓度在60%～90%时，腐蚀性不大，最大的腐蚀速度发生在52%～56%的浓度下，并且在硫酸浓度为0～50%情况下，金属腐蚀和硫酸浓度基本上呈线性关系。

（5）金属壁温。低温腐蚀有两个严重腐蚀区：在酸露点以下15℃附近的区域和水露点附近的区域。

5-28　引起空气预热器油温不正常升高的原因是什么？

（1）导向轴承周围空气流动空间有限。

（2）油位太低。

（3）油装得太满。

（4）油受到污染。

（5）油的黏度不合适。

（6）冷却水运行不正常。

（7）空气预热器运行不正常。

5-29　如何防止空气预热器油温不正常地升高？

导向轴承应采用双列向心滚子球面轴承，固定在热端中心桁架上，导向轴承装置可随转子热胀和冷缩而上下滑动，并能带动扇形板内侧上下移动，从而保证扇形板内侧的密封间隙保持恒定。导向轴承结构应简单，更换、检修方便，并应配有润滑油冷却水系统，并有温度传感器接口。空气预热器的支撑轴承应采用向心球面滚子推力轴承，装在冷端中心桁架上，使用可靠，维护简单，更换容易，配有润滑油冷却水系统。

5-30　空气预热器着火的原因有哪些？

（1）空气预热器冷端温度低结露，黏结了可燃物。

（2）暖风器漏泄严重，使空气预热器冷端潮湿黏结可燃物。

（3）锅炉运行时，燃烧风量过大或过小。锅炉启停频繁或长期低负荷煤油混烧运行。

（4）锅炉运行时，炉膛负压波动过大，造成不完全燃烧物沉积。

（5）空气预热器故障停止，或风机单侧运行停止时，由于烟、风挡板关闭不严而被加热，引起沉积可燃物着火。

（6）等离子点火初期，由于燃烧不完全，大量可燃物沉积在空气预热器蓄热元件上。

5-31　如何预防空气预热器着火？

（1）监视空气预热器烟气侧和空气侧温度在正常范围内。

（2）在锅炉启、停期间和长期低负荷运行期间加强空气预热器吹灰。

（3）锅炉停止后对空气预热器内部进行检查，根据沉积情况进行彻底水冲洗。

（4）等离子点火初期和煤油混烧期间投入空气预热器连续吹灰。

（5）冬季保证暖风器投入，如果有漏泄则及时处理，保证空气预热器入口空气温度，防止空气预热器结露腐蚀。

5-32　空气预热器着火应如何处理？

（1）立即投入空气预热器吹灰系统，停运单侧风机。

（2）经上述处理无效，排烟温度继续不正常地升高至 250℃时，应紧急停炉。

（3）停止一次风机和引风机、送风机，关闭所有风门、挡板，将故障侧空气预热器隔离，打开所有风机底部放水阀，投入消防水进行灭火。

（4）确认空气预热器内着火熄灭后，停止吹灰和消防水，待余水放尽后关闭所有风机底部放水阀。

（5）对转子及密封装置的损坏情况进行一次全面检查，如有损坏则不得再启动空气预热器，由检修人员处理正常后方可重新启动。

5-33　某 600MW 锅炉 B 空气预热器由于扇形板卡而跳闸的处理方法有哪些？

（1）单台空气预热器跳闸时，对应侧送风机、引风机、一次风机联跳，RB 动作，机组负荷自动下降 50%。同时，跳闸空气预热器一、二次风及烟气进出口挡板保护关闭，辅助电动机自投后跳闸。

（2）上层磨煤机自动跳闸，A 引风机动叶全开，仍有可能不能维持炉膛负压，使炉膛冒正压并有可能使炉膛压力超过 MFT 保护动作值，此时应按 MFT 处理。

（3）由于 B 空气预热器跳闸，一次风进、出口挡板保护关闭，会导致一次风的出力不能满足三台磨煤机的需要，应及时投油枪（注意火焰检测逻辑，防止灭火保护误动作）。为保证一次风压，可再手动停运一台下层制粉系统，以保证其他制粉系统的正常运行。

（4）B 空气预热器跳闸后，造成排烟温度不正常地持续升高，此时应降低锅炉燃烧率，增加空气预热器的吹灰，直至排烟温度不超过 250℃，以防止空气预热器发生二次燃烧。

（5）B 空气预热器由于扇形板卡而跳闸，此时盘车不一定能投上，手动盘车可能也会有困难，应及时联系检修人员到现场确认处理。若短时无法处理，则可申请停炉处理，防止设备严重损坏。

5-34　汽包锅炉水位事故的危害及处理方法有哪些？

水位过高（锅炉满水）的危害：水位过高，蒸汽空间缩小，将会引起蒸汽带水，使蒸汽品质恶化，以致在过热器内部产生盐垢沉淀，使管子过热，金属强度降低而发生爆炸；满水时，蒸汽大量带水，将会引起管道和汽轮机内严重的水冲击，造成设备损坏。处理方法：①将给水自动切置手动，关小给水调节阀或降低给水泵转速；②当水位升至保护定值时，应立即开启事故放水阀；③根据蒸汽温度情况，及时关小减温水，若蒸汽温度急剧下降，应开启过热器联箱疏水阀，并开启汽轮机主汽阀前的疏水阀；④当高水位保护动作停炉时，查明原因后，放至点火水位，方可重新点火并列。

水位过低（锅炉缺水）的危害：将会引起水循环的破坏，使水冷壁超温，严重缺水时，还可能造成很严重的设备损坏事故。处理方法：①若缺水是由于给水泵故障，给水压力下降而引起的，应立即启动备用给水泵，恢复正常给水压力；②当蒸汽压力、给水压力正常时，检查水位计指示的正确性，将给水自动改为手动，加大给水量，停止定期排污；③检查水冷壁、省煤器有无泄漏；④保护停炉后，查明原因，不得随意进水。

5-35　回转式空气预热器常见的问题有哪些？

回转式空气预热器常见的问题有漏风、低温腐蚀和堵灰。

（1）回转式空气预热器的漏风主要有密封（轴向、径向和环向密封）漏风和风壳漏风。

（2）回转式空气预热器的低温腐蚀是由于烟气中的水蒸气与硫燃烧后生成的三氧化硫结合成硫酸蒸气进入空气预热器时，与温度较低的受热面金属接触，并可能产生凝结而对金属壁面造成的腐蚀。

（3）回转式空气预热器由于吹灰器故障或者省煤器输灰不畅而堵灰。

5-36　空气预热器机械部分卡死的处理方法有哪些？

（1）停止电动机运行，断开电源开关。

（2）停止故障侧送风机、引风机、一次风机，关闭其出入口挡板。

（3）提高送、引风机出力，根据风量调整燃烧，适当降低负荷。

（4）人工盘车，如能盘动，可试行启动，如盘不动可通过吹灰器吹入适量蒸汽进行冷却，保护预热器不被烧坏。

（5）如果短时间不能恢复，且空气预热器出口排烟温度持续上升至 250℃，应申请停炉。

5-37　空气预热器正常运行时电动机过电流的原因有哪些？

（1）空气预热器受热不均，导致动静部分摩擦（空气预热器二次燃烧；冬季环境温度过低，暖风器未投导致空气预热器冷热温差太大）。

（2）空气预热器轴承缺油，磨损。

（3）空气预热器内部支撑架掉落卡死。

（4）空气预热器吹灰器脱落卡涩扇形板。

（5）机组升负荷速率太快。

5-38　空气预热器正常运行时主电动机过电流应如何处理？

（1）检查空气预热器各部件，查明原因及时消除。

（2）及时切换备用电动机。

（3）若主电动机跳闸，应检查辅助电动机是否自动启动，主若自投不成功，可手动强送一次；若不能启动或电流过大，电动机过热，则立即停止空气预热器运行，应人工盘动空气预热器，关闭空气预热器烟气进出口挡板，停止故障侧风机，降低机组负荷至允许值，并注意另一侧排烟温度是否超过250℃，否则继续减负荷并联系检修人员处理。

5-39　空气预热器轴承损坏的常见原因是什么？

（1）主轴中心不一致。

（2）轴承内进入杂质或轴承缺油。

（3）润滑油质量不合格。

（4）减速机与中心筒之间连接部件的紧固螺栓断裂。

（5）轴承受到意外作用力。

5-40　空气预热器热态变形的原因是什么？

空气预热器在热态运行中，由于烟气自上而下流动，烟气温度逐渐降低，而空气自下而上流动，空气温度逐渐升高，这就使转子的上端金属温度高于下端金属温度，转子上端的径向膨胀量大于下端的径向膨胀量，再加上转子重量的影响，结果使转子产生了蘑菇状变形。显然，热态时，空气预热器转子外侧有向下弯曲的倾向。

5-41　空气预热器停转的现象有哪些？空气预热器故障停运后应如何处理？

现象：

（1）空气预热器电动机电流到零。

（2）停转侧空气预热器出口烟气温度异常升高，出口一、二次风温度异常降低。

（3）就地从轴端检查空气预热器不转动，空气预热器停转报警。

处理：

一台空气预热器停运后，如果是减速机构或电动机部分故障，应立即切换备用驱动装置运行。如果无备用装置，在跳闸前无异常现象，可强行送电一次，若强送无效，应降低锅炉负荷，进行人工盘车，控制故障侧空气预热器入口烟气温度，调整两侧引、送风机出力，根据燃烧工况及时投油助燃。若转动部件故障，盘车不转，应进行抢修，故障短时间无法消除时，应申请停炉。两台空气预热器同时故障停运时，则按停炉处理，若空气预热器入口有烟道挡板，故障时立即关闭。

5-42 空气预热器停转的原因有哪些？

（1）主电动机跳闸，辅助电动机没有联锁启动。

（2）传动部分、轴承严重损坏，动静部分卡住，使电动机过负荷跳闸。

（3）电动机与减速箱、减速箱与空气预热器未啮合。

（4）电气设备故障，造成失电。

（5）电动机与轴间的固定键脱落。

（6）事故拉闸。

5-43 空气预热器跳闸应如何处理？

（1）若机组 RB 动作，按 RB 动作处理。

（2）若 RB 未动作且空气预热器动作跳闸前无超电流现象，应立即强合一次。

（3）强合不成功或启动后电流超限，应立即停止，并检查气动电动机运行是否正常。

（4）若气动电动机也不能正常运行，空气预热器停转，则应立即关闭跳闸空气预热器进出口烟气挡板，隔离一、二次风，减负荷至 50％额定负荷以下。

（5）若短时间内不能消除故障，应申请停炉处理。

（6）排烟温度上升至 250℃时，立即手动 MFT。

5-44　锅炉尾部烟道二次燃烧的现象有哪些?

锅炉尾部烟道二次燃烧处烟气温度、工质温度突然不正常地升高，引风机投自动时，引风机动叶开度增大，引风机手动时烟道及炉膛负压剧烈变化并偏正，排烟温度不正常地升高，从引风机轴封和烟道不严密处向外冒烟或喷火星。如果二次燃烧现象发生在空气预热器部位，则一、二次风温也将不正常地上升，回转式空气预热器电流指示晃动，严重时外壳烧红，转子与外壳可能有金属摩擦声。对于直流锅炉，如果二次燃烧现象发生在省煤器处，则有可能造成省煤器出口工质汽化，使水冷壁各垂直管屏的流量分配遭到破坏，水冷壁管或管屏出口工质温度可能超限。当二次燃烧现象发生在过热器或再热器部位时，将出现过热蒸汽温度或再热蒸汽温度不正常地升高的现象。

5-45　锅炉尾部烟道二次燃烧的原因有哪些?

烟道内的二次燃烧现象是沉积在尾部烟道或受热面上的可燃物和未燃尽物达到着火条件后的复燃现象。烟道内可燃物的沉积，主要由以下原因形成：

(1) 燃料品质或运行工况变化时，燃烧调整不及时或调整不当。风量过小、煤粉过粗、油枪雾化不良，使未燃尽的炭黑或油滴等可燃物随烟气进入烟道并与受热面接触或撞击后沉积在尾部烟道内或受热面上。

(2) 锅炉低负荷运行，点火初期或停炉过程中，由于炉膛温度过低，燃料着火困难，燃烧过程长，使部分燃料在炉膛内无法完全燃尽而被烟气带至烟道内，由于当时烟气流速很低，极易发生烟气中可燃物的沉积。

(3) 发生紧急停炉时未能及时切断燃料，停炉后或点火前炉膛吹扫时间过短或吹扫风量过小，造成可燃物质沉积在尾部烟道内或受热面上。

(4) 运行中烟道和空气预热器吹灰器长期故障或停止使用，

使尾部受热面上的积灰和可燃沉积物不能得到及时清除而越积越多，这又造成了受热面外表粗糙程度的增加，使之更易黏附烟气中的固态物质，如此恶性循环，使尾部烟道受热面上的可燃物质逐渐积聚起来。

5-46 锅炉尾部烟道二次燃烧应如何处理？

（1）立即停用所有引风机、送风机，严密关闭风烟系统的所有风门、挡板和炉膛、烟道各门、孔，保持炉底及烟道各灰斗水封正常，使燃烧室及烟道处于密闭状态，严禁通风，开启蒸汽灭火装置或利用蒸汽吹灰器向燃烧室、烟道及预热器内喷入蒸汽进行灭火。待各点烟气温度明显下降，均接近喷入的蒸汽温度并稳定1h后，方可停止蒸汽灭火或蒸汽吹灰设备。小心开启检查门进行全面检查，确认烟道内燃烧已熄灭无火源后，方可开启风烟系统的风门、挡板，启动引风机和送风机，保持30％的额定风量对燃烧室和烟道进行吹扫，吹扫时间不少于10min。

（2）停炉后，回转式预热器应继续运行，必要时应采用电动或手动盘车装置使转子继续保持转动，以防止预热器停转后发生变形损坏。

（3）若引风机处烟气温度过高或发现轴封处冒烟喷火星，在引风机停用后应设法使引风机定期转动，防止引风机叶轮或主轴变形。

（4）由于二次燃烧现象发生，使省煤器处烟气温度不正常地升高时，为防止省煤器管的损坏，应在停炉后对省煤器进行小流量通水冷却，以确保省煤器管的安全。

（5）锅炉发生尾部烟道二次燃烧事故后，只有待二次燃烧现象确已不存在，并按规定要求通风吹扫完毕，经进入烟道复查设备确无损坏时，方可重新启动锅炉。

5-47 中速磨煤机轴承冒烟烧损的现象及原因是什么？如何处理？

现象：

（1）磨煤机轴瓦温度高。

（2）润滑油油箱温度高。

原因：

（1）密封风压力低，煤粉进入轴瓦。

（2）磨煤机过负荷。

（3）润滑油流量或压力低。

（4）润滑油温度高。

（5）润滑油变质。

（6）润滑油冷却水中断。

处理：

（1）调整润滑油系统运行参数。

（2）调整密封风压力。

（3）降低磨煤机负荷。

（4）更换润滑油。

（5）恢复润滑油冷却水。

（6）严密监视轴瓦温度，如超过规定值，则立即停止磨煤机。

5-48　磨煤机温度异常及着火后应如何处理？

（1）正常运行中磨煤机出口温度应小于设定值，当磨煤机出口温度大于设定值时，应适当采取增加磨煤机煤量、关小热风调节挡板、开大冷风调节挡板的措施，控制磨煤机出口温度在正常范围内。

（2）经上述处理后，磨煤机出口温度仍继续上升，当升至保护动作值时，应保护或人为停止磨煤机及相应的给煤机运行，关闭磨煤机热风、冷风隔离门，关闭磨煤机出口门及给煤机出口煤闸门，关闭磨煤机密封隔离门，关闭磨煤机石子煤排放阀，将磨煤机完全隔离，然后开启磨煤机蒸汽灭火装置对磨煤机进行灭火。

（3）等磨煤机出口温度恢复正常后，停止磨煤机蒸汽灭火，做好安全隔离措施后由检修人员进行处理，确认火源消除且设备无异常可重新启动。

5-49 中速磨煤机堵磨的现象有哪些？

（1）磨煤机出口温度下降，出口与进口处压差增大，磨煤机通风量减小。

（2）磨煤机堵磨初期电流会增大，后期电流会减小。

（3）磨煤机出口风压下降。

（4）主蒸汽压力下降，机组负荷下降，其他磨煤机煤量加大，单位负荷所用煤量增加。

（5）磨煤机就地磨辊指示升高，声音沉闷。

5-50 如何预防磨煤机堵磨？

（1）严格控制磨煤机风煤比，保证一次风风量，确保煤粉全部被输送至炉膛。

（2）根据不同的煤质及时调整磨煤机干燥出力，防止出口风温低、煤粉流动性减弱而堵磨。

（3）运行中加强磨煤机参数监视，尽早发现堵磨迹象，及时处理。

（4）加强磨煤机石子煤排放。

5-51 对于配中速磨煤机的直吹式制粉系统，应如何处理磨煤机堵磨？

处理总则：早发现，早处理；适当加大通风量，减少给煤量；严重堵塞时，快速停磨，打开人孔清理；处理过程中，全面监视运行参数的变化。磨煤机吹通后，防止大量煤粉进入炉膛加剧燃烧，对负压、主蒸汽压力等参数应重点加以监视和控制。

机组在低负荷（两台及以下制粉系统）运行时：

（1）发生堵磨时，立即投油助燃（投该层磨煤机对应的油枪）。

（2）将磨煤机对应的给煤机控制自动解除，降低给煤机转速，以当前风量通风吹扫。

(3) 视主蒸汽压力变化情况，适当降负荷或减少其他磨煤机出力，以控制主蒸汽压力。

(4) 注意主、再热蒸汽温度、炉膛负压的变化并及时调整。

机组在高负荷（三台以上制粉系统）运行时：

(1) 将磨煤机对应的给煤机控制自动解除，降低给煤机转速，以当前风量通风吹扫。

(2) 在通风吹扫过程中，氧量指示值急剧下降，主蒸汽压力急剧上升，及时调整煤量维持主蒸汽压力在正常范围内。

(3) 当磨煤机通风正常后，逐渐增加给煤量。

(4) 注意主、再热蒸汽温度、压力及炉膛负压的变化并及时调整。堵磨严重时，立即停止该制粉系统运行。

5-52 磨煤机制粉系统断煤的现象有哪些?

(1) 磨煤机出口温度升高，出口与进口处压差减小，冷风开大，热风关小。

(2) 磨煤机电流下降，出口风压增大。

(3) 磨煤机振动增大，断煤信号动作。

(4) 主蒸汽压力下降，机组负荷下降。

(5) 给煤机煤量低跳闸。

(6) 断煤初期，给煤机电流变小，给煤机转速升高。

5-53 磨煤机制粉系统断煤的原因有哪些?

(1) 煤斗烧空。

(2) 雨季煤湿。

(3) 煤质中含有泥的成分比较大，板结成块。

(4) 给煤机卡大块煤或其他异物。

(5) 给煤机上闸板误关或未开到位。

5-54 如何预防磨煤机制粉系统断煤?

（1）加强煤质监督，对于易板结的煤种应加强混煤、配煤。

（2）定期启动疏通机，敲打落煤管。

（3）定期校验原煤仓料位测量装置，保证其测量准确。

（4）加强给煤机运行监视，提前发现给煤机断煤迹象，及时处理。

5-55　如何处理磨煤机制粉系统断煤？

（1）开大冷风，关小热风，防止磨煤机出口风温高跳磨。

（2）及时复位给煤机跳闸信号，防止延时联跳磨煤机。

（3）派人就地敲打落煤管，启动疏通机。

（4）通知输煤人员加强煤位监视，向对应煤仓上煤。

（5）根据实际煤量降低机组负荷。

5-56　磨煤机制粉系统自燃的现象有哪些？

（1）磨煤机出口温度升高。

（2）磨煤机外壁热辐射增大。

（3）打开磨煤机排渣门后有较浓的煤气味。

（4）严重时排渣箱烧红。

5-57　如何预防磨煤机制粉系统自燃？

（1）如果磨煤机检修 3 天以上，在停运磨煤机之前需将给煤机上闸板门关闭，将给煤机皮带上的存煤走空，防止给煤机皮带长期存煤自燃。

（2）在停运磨煤机前，将给煤机煤量减至最小，维持磨煤机运行 5min 吹扫后再停运。

（3）磨煤机停运后，保持磨煤机出口门开启状态，磨煤机冷风门全开、热风门全关维持通风 30min，将磨煤机内和粉管内的存粉彻底吹扫干净。

（4）磨煤机停运后，立即通知排渣人员将磨煤机的石子煤排放干净。

(5) 在磨煤机停运检修期间，不允许再次开关磨煤机密封风门和磨煤机出、入口风门，防止磨煤机通风自燃。

(6) 在磨煤机停运检修期间，加强磨煤机出、入口风温监视，若发现磨煤机出、入口风温异常升高，应立即采取有效措施防止磨煤机着火。

(7) 定期检查消防器材是否完备。

(8) 检查并确认磨煤机消防蒸汽疏水良好，参数合格，处于备用状态。

(9) 加强停运磨煤机及制粉系统的监视和检查。

5-58 如何处理磨煤机着火？

(1) 对于停运的磨煤机，发现磨煤机着火，应迅速关闭磨煤机出入口风门挡板，隔绝空气。

(2) 磨煤机运行时应跳闸，否则手动紧急停止，迅速关闭磨煤机出入口风门挡板，隔绝空气。

(3) 通入惰化介质灭火，待磨煤机出口温度降至正常后关闭惰化蒸汽。

(4) 待磨煤机冷却后，将磨煤机电源断开，通知维护人员对磨煤机内部进行检查处理。

5-59 中速磨煤机直吹式制粉系统爆炸的现象有哪些？

(1) 磨煤机出口温度急剧升高。

(2) 磨煤机周围有辐射热量，严重时磨煤机外壳变红。

(3) 如发生爆炸，磨煤机内有爆裂声音，同时发生剧烈振动。

(4) 机组负荷可能下降，其他磨煤机煤量可能增加。

5-60 磨煤机制粉系统爆炸应如何处理？

(1) 磨煤机内发生自燃和爆炸时，应紧急停止磨煤机运行，隔绝磨煤机进出口风门，通知检修和消防人员，同时扩大火源查找范围，消灭再次爆炸和着火的事故隐患。

（2）及时通入惰化蒸汽进行灭火。

（3）当磨煤机出口温度降至室温时，通知检修人员对制粉系统设备内部进行清理检查，确认火源已消除，各部件完整无损，方可投入运行。

（4）采取稳定锅炉燃烧措施，及时投油或启动备用制粉系统。

5-61　如何预防磨煤机制粉系统爆炸？

（1）当原煤挥发分大于35%时，锅炉停运1周以上时应将煤斗排空。

（2）当原煤挥发分小于35%时，锅炉停运3周以上时应将煤斗排空。

（3）磨煤机大修前应将煤斗排空。

（4）紧急停炉后，应关闭磨煤机出入口门，关闭一次冷、热风门，打开磨煤机蒸汽消防电动阀投入消防蒸汽，对各磨煤机煤斗、给煤机、磨煤机内部的温度变化严密监视。

（5）禁止在磨煤机运行时进行动火工作。磨煤机停运时，若进行动火工作，应做好可靠的消防措施。进入磨煤机内部进行检查、检修前，应办理相应的热机检修工作票和动火工作票，待磨煤机出口温度降至60℃以下，准备好相应消防、通风设施后才能进入磨煤机内部。

（6）机组大小修或磨煤机大修时应进行煤斗的清理工作，检查煤斗有无死角、积粉并予以消除。

（7）煤斗、给煤机、磨煤机向外清煤时，检修人员应做好充分的防火防尘准备，如灭火器、通风设施等，防止原煤或煤粉自燃而引起煤粉自燃爆炸。

（8）根据煤种的变化，运行磨煤机出口风粉混合物温度控制在70～80℃。

(9) 制粉系统正常停运后，要对磨煤机及其出口管路进行吹扫，时间不少于5min。

(10) 运行中对磨煤机入口热风隔离门和出口粉管快关门应加强检查，确保严密无漏风现象，且保证其开关灵活，能快速关闭。及时消除磨煤机入口热风隔绝门及出口快关门缺陷，保证磨煤机停运时完全隔绝空气。

(11) 磨煤机运行时，定期检测煤粉管壁温度，发现异常立即进行吹扫，防止煤粉因流速过低而产生沉降，从而导致粉管内积粉自燃、爆炸。

(12) 磨煤机运行过程中如发现磨煤机出口温度低于70℃，应及时适当提高磨煤机入口一次风温度、降低给煤量，防止煤粉管堵塞。如通过调整后温度仍然呈下降趋势，则应立即停运磨煤机及给煤机，对磨煤机及其粉管进行彻底吹扫。

(13) 磨煤机运行过程中如发现其出口压力与磨煤机出口温度均下降，应及时适当增加一次风量、提高一次风温度和降低给煤量。如通过调整仍未见效，则应立即停运磨煤机及给煤机，关闭磨煤机出入口挡板。

(14) 制粉系统启停前，应检查并确认磨煤机防爆蒸汽压力在0.4～0.6MPa，温度在150～180℃。磨煤机蒸汽消防手动门开启，电动阀关闭。磨煤机润滑油站消防喷雾系统完整。

(15) 制粉系统的各种保护必须正常投入。

(16) 当磨煤机跳闸时，给煤机必须正常联跳，磨煤机入口隔离门和出口快关门应联锁关闭。

(17) 加强燃用煤种的煤质分析和配煤管理，燃用易自燃的煤种应及早通知运行人员，以便监视和巡查，发现异常及时处理。

(18) 加强磨煤机石子煤箱的定期清理工作，防止石子煤着火，对清理出的石子煤要及时运至指定地点。

(19) 制粉系统应定期轮换，每7天将备用磨煤机投入运行，防止因长期停用而导致设备、管路或煤斗内积煤自燃。

（20）磨煤机出口温度不正常地升高时，应分析原因并适当降低磨煤机入口一次风温度，通过调整仍未降低，应手动紧急停止磨煤机和给煤机运行，紧急关闭磨煤机入口快关门和磨煤机出口门，在5s内停止向炉膛送粉，关闭一次风冷、热风门，开磨煤机蒸汽消防电动阀投入消防蒸汽。

5-62　磨煤机石子煤量大的原因有哪些？

（1）磨煤机启动时煤量过大。

（2）磨煤机个别磨辊停转。

（3）石子煤排放不及时，堵塞风环。

（4）煤质较差。

（5）磨辊、衬瓦、喷嘴磨损严重或喷嘴环掉下。

（6）运行时，磨煤机出力增加过快，一次风量偏少。

5-63　为什么一次风压的波动会引起锅炉炉膛负压的剧烈摆动？

由于一次风的作用是向炉膛内输送煤粉，当一次风压波动时，会引起进入炉膛的燃料量波动，燃烧大幅度波动，而此时的引风机调节无法快速跟踪调节，最终导致炉膛负压的剧烈摆动。

5-64　为什么一次风压突然上升引起锅炉氧量大幅度下降？

由于一次风的作用是向炉膛内输送煤粉，当一次风压突然上升时，会引起进入炉膛的燃料量突然增加而燃烧，在锅炉过量空气系数一定的情况下，导致氧量大幅度下降。

5-65　为什么汽包锅炉灭火时水位先下降而后上升？

锅炉正常运行时，水冷壁吸收火焰辐射热量而产生大量蒸汽，按重量计水冷壁内约90%是水，按体积计，则40%～60%是蒸汽。锅炉一旦灭火，水冷壁因吸热量大大减少，产生的蒸汽迅速减少，水冷壁管内原先由蒸汽占据的空间迅速由汽包内的炉水经下降管补充，所以瞬间水位下降。当原先水冷壁里由蒸汽占据的空间已经被炉水补充后，由于蒸发量迅速减少，而给水量还未来得及减少，因此，水位又上升。锅炉灭火时水位下降与负荷骤减时相似，只是比负荷骤减时水位下降得更迅速。当水位调整没有投入自动时，由于人的反应较慢，而上述过程又是在很短的时间内完成的，因此，炉膛灭火时水位先下降而后上升的现象比水位投入自动调整时明显。

5-66　为什么汽包锅炉发生满水事故时，蒸汽温度下降，含盐量增加?

当汽包就地水位计的水位超过水位计上部最高可见水位时，出现了满水事故。发生满水事故时，汽包内水位明显升高，蒸汽空间减小，汽包内的汽水分离设备不能正常工作，汽水分离效果变差，蒸汽带水量增加。带水的蒸汽进入过热器后，过热器从烟气吸收的一部分热量用于蒸发蒸汽携带的炉水，使烟气用于过热蒸汽的热量减少，因此，使过热器出口蒸汽温度下降。蒸汽温度下降的程度取决于蒸汽带水的多少，而蒸汽带水的多少取决于汽包满水的程度。因此，在生产中可以从蒸汽温度下降的程度大致估计汽包满水的程度。炉水的含盐量比蒸汽大得多，蒸汽携带的炉水在过热器内吸收热量后，全部变为蒸汽，炉水中的含盐量一部分沉积在过热器管内，一部分进入蒸汽，使得蒸汽的含盐量明显增加。

5-67　为什么当水位从水位计内消失，关闭水位计汽侧阀门，如果汽包水位在水连通管以上，水位计会迅速出现高水位?

正常情况下，水位计汽侧的压力与汽包的蒸汽压力是相同的，根据连通器原理，水位计的水位与汽包水位相同。当水位从水位计内消失，进行校水关闭汽连通管阀门后，由于水位计和汽连通管的散热，水位计汽侧的蒸汽迅速凝结而使汽侧的压力快速下降。如果汽包内的水位在水连通管之上，汽包内的水在汽包压力作用下，通过水连通管迅速涌入水位计，造成水位计迅速出现高水位。

5-68　水位下降且从水位计内消失后应如何处理？

水位下降且从水位计内消失后，关闭水位计汽侧阀门，水位迅速升高是轻微缺水，锅炉可以继续上水，没有水位出现，则是严重缺水，必须立即停炉。

如果由于监视不当，水位下降并从水位计内消失时，为了确定汽包内的水位情况，首先冲洗水位计，然后关闭水位计的汽侧阀门。由于散热，水位计上部的蒸汽凝结，压力迅速降低，如果水位在水位计的水连通管以上，则汽包里的水在汽包压力的推动下进入水位计，使水位迅速升高。因为只有汽包水位在水位计水连通管以上，关闭水位计汽阀，水才能进入水位计，使水位迅速升高，所以是轻微缺水，可以继续上水。如果关闭水位计的汽侧阀门后，水位计内仍然没有水位出现，则说明汽包水位在水位计的水连通管以下，属于严重缺水。严重缺水时，水位有可能刚好在水连通管以下一点点，即汽包内还有一定量的水；也可能汽包里一点水也没有，由于此时无法判断汽包里的确切水位，为了保证锅炉安全，只能认为汽包内没有水，必须立即停炉。

5-69　为什么负荷骤增水位瞬间升高，负荷骤减水位瞬间降低？

在稳定负荷下，水冷壁管内蒸汽所占的体积不变，给水量等于蒸发量，汽包水位稳定。负荷骤增分两种情况，一种情况是进入炉膛的燃料量没有发生变化，而外界负荷骤增。在这种情况下，蒸汽压力必然下降，由于相应的饱和温度下降，储存在金属和炉水中的热量，主要以水冷壁内炉水汽化的形式释放出来，炉水汽化使水冷壁管内蒸汽所占有的体积增加，而将多余的炉水排入汽包，此时给水量还未增加，由于物料不平衡引起的水位降低要经过一段时间才能反映出来，所以其宏观表现为水位瞬间上升。经过一段时间后，当水冷壁管内的蒸汽体积不再增加达到平衡，而物料不平衡对水位产生明显影响时，水位逐渐恢复正常，如不及时增加给水量，则会出现负水位。另一种情况是由于锅炉的燃料量增加太快，使锅炉的蒸发量骤增，在这种情况下，由于水冷壁的吸热量骤增，水冷壁管内产生的蒸汽增多，蒸汽所占的体积增加，将水冷壁管内的炉水迅速排挤至汽包，使水位瞬间升高。同样道理，负荷骤减时，由于蒸汽压力升高，相应的饱和温度提高，进入锅炉的燃料，一部分用来提高炉水和金属的温度，剩余的部分才用来产生蒸汽。由于蒸汽所占的体积减小，汽包里的炉水迅速补充这部分减少的体积，物料不平衡对水位的影响较慢，因此瞬间水位降低。

5-70　汽包锅炉满水的现象和原因有哪些？

现象：

（1）水位计（表）指示正值增大，发出高水位报警信号。

（2）严重满水时，过热蒸汽温度急剧下降，蒸汽管道内发生水冲击。

（3）蒸汽含盐量增大。

原因：

（1）运行人员对水位监视不严，调整不当。

（2）给水自动调节失灵或给水压力过高，给水流量不正常地大于蒸汽流量。

（3）锅炉负荷变动幅度大，调整不及时。

（4）水位、蒸汽流量、给水流量指示错误，使得运行人员误操作。

5-71　锅炉满水应如何处理？

（1）应立即对照汽水流量，核对水位计（表）是否正确，判断满水的真假及程度。

（2）确认水位高时，给水由自动调节转为手动控制，减少给水量。

（3）因给水压力高，而引起水位升高时，尽快将给水压力恢复正常。

（4）水位为高二值时，开启事故放水电动阀，待水位正常后关闭。

（5）根据主蒸汽温度下降情况，减少或者关闭减温水量，必要时应开启过热器疏水阀及机前疏水。

（6）水位为高三值时，紧急停炉。

5-72 如何预防锅炉满水？

（1）运行人员必须严格执行规程，做到勤检查、严监视、稳调节。

（2）定期进行表盘水位计与汽包就地水位计的校对，如指示有疑问，应先冲洗就地水位计，确保就地水位指示正确；若表盘水位计指示不准，应及时联系热工人员进行处理。

（3）给水自动调节水位时，仍然要加强对汽包水位、给水压力和给水流量的监视，注意检查给水自动调节的可靠性、灵敏性，如有疑问应及时联系热工人员处理。

（4）锅炉负荷发生大幅度波动时，应加强对水位的监视。

5-73 汽包锅炉缺水的现象有哪些？如何预防？

现象：

（1）就地水位计内充满蒸汽，水位计呈红色。

（2）过热器温度上升，发出低水位报警信号。

（3）DCS 上汽包水位测量显示为低水位。

预防：

（1）定期进行表盘水位计与汽包就地水位计的校对，如指示有疑问，应先冲洗就地水位计，确保就地水位指示正确；若表盘水位计指示不准，应及时联系热工人员进行处理。

（2）保证给水自动调节的灵敏度和准确度。

（3）锅炉负荷大幅度波动或主蒸汽压力快速上升时，应加强对水位的监视。

5-74　汽包锅炉缺水应如何处理？

（1）首先对各水位计的指示进行对照，冲洗检查水位计的指示是否正确。

（2）如水位计内可见水位，可以增加给水量；如水位继续下降，适当降低锅炉负荷。

（3）严重缺水时，由于此时无法判断汽包里的确切水位，为了保证锅炉安全，必须立即停炉。

（4）如给水管、过热器管、水冷壁管、省煤器泄漏严重，不能维持水位，应立即停炉。

5-75　锅炉汽包内发生汽水共腾的现象和原因有哪些？

现象：

（1）水位急剧下降。

（2）过热蒸汽温度急剧下降。

（3）饱和蒸汽的盐分增大。

（4）情况严重时，管道发生水冲击。

原因：

（1）炉水质量不合格。

（2）给水品质差。

（3）锅炉排污不当。

（4）负荷增加和压力降低太快。

5-76　锅炉汽包内发生汽水共腾现象应如何处理？如何预防汽水共腾现象发生？

处理：

（1）全开连续排污门，并加强给水和排污换水工作。

（2）通知化学人员检查分析炉水，按分析结果进行排污，改善水质。

（3）在炉水水质未改善前，应降低锅炉负荷，并保持稳定。

（4）汽水共腾现象消失，炉水质量合格后，应恢复正常运行。

预防：

（1）控制炉水的含盐量。

（2）坚持炉水化验制度。

（3）加强给水处理。

（4）投入凝结水精处理装置。

（5）按照要求进行排污。

5-77 汽包水位计损坏的原因有哪些？如何预防？

原因：

（1）水位计投入或退出操作不当。

（2）水位计周围的环境温度太低。

（3）水位计使用时间较长，设备绝缘材料老化。

（4）检修工艺差或安装工艺不良。

（5）云母片材质不合格或制造质量差。

预防：

（1）冲洗水位计时，操作应正确。汽侧阀门和水侧阀门不可同时关闭，以防水位计急剧冷却。

（2）改善水位计周围的环境，防止温度太低。

5-78 汽包水位计损坏的处理方法有哪些？

（1）差压式水位计损坏时，应根据就地双色水位计来控制水位，并立即联系热控修复。

（2）双色水位计只有一只损坏时，应立即隔绝，联系检修人员处理，并校对另一只双色水位计和各差压式水位计指示的正确性，加强对汽包水位的监视和调节。

（3）双色水位计两只都损坏时，在保证差压式水位计正确可靠的前提下，以差压式水位计监视调节汽包水位，但应保持锅炉负荷稳定，注意给水流量和蒸汽流量的平衡，已损坏的双色水位计应立即检修。

（4）当不能保证差压式水位计正常运行时，应立即停炉处理。

5-79　校对双色水位计的注意事项有哪些?

（1）双色水位计的汽管及水管堵塞，会引起水位计内水位上升（汽管堵塞则水位上升快，水管堵塞则水位逐渐上升）。

（2）如汽包水位计有不严密处，将使水位计指示不正确，一般情况下，汽侧部分泄漏，水位指示偏高，水侧部分泄漏，水位指示偏低。

（3）双色水位计的放水阀泄漏，会引起水位计内水位降低。

5-80　为什么安全阀动作时水位会迅速升高?

安全阀动作前蒸汽压力较高，因炉水和金属温度较高，储存了较多热量，安全阀动作时，由于排汽量较大，蒸汽压力迅速降低，相应的饱和温度降低，储存在炉水和金属中的热量，以炉水汽化的方式释放出来。水冷壁中水蒸气所占的体积因而增大，将水冷壁中的炉水排挤进汽包，而使汽包水位迅速升高。安全阀动作的原因是蒸汽压力升高，而蒸汽压力升高的原因通常是锅炉负荷骤降造成的。安全阀动作时，大量蒸汽排空，对锅炉来说，相当于负荷急骤增加。所以，安全阀动作时，水位的变化规律与锅炉负荷骤增是相同的。因为安全阀动作时引起的水位升高是虚假水位，此时不但不应该减少给水量，而且当安全阀复位，水位开始降低时，应及时增加给水量，否则极易引起汽包水位偏低，甚至造成汽包缺水事故。

5-81　锅炉灭火应如何处理?

（1）灭火后确认全部制粉系统、一次风机和燃油速断阀均已跳闸，否则立即手动跳闸，切断炉膛一切燃料供给。

（2）确认过、再热蒸汽减温水阀联动关闭，否则手动关闭。

(3) 快速减负荷至最低，保持较高的蒸汽参数。

(4) 启动电动给水泵运行，退出汽动给水泵，控制汽包水位在允许范围。

(5) 汽轮机跳闸后打开高、低压旁路系统或对空排汽，对过、再热器进行冷却。

(6) 立即调整25%～35%的额定风量，满足炉膛吹扫条件，炉膛通风吹扫至少5min，复位MFT，做好点火准备。

(7) 若机组不能恢复，应关闭油枪各手动门，解列燃油系统，炉膛通风吹扫后继续运转引、送风机10～20min后停运。

(8) 继续保持空气预热器、火焰检测冷却风机运行，当空气预热器入口烟气温度小于120℃时，停止空气预热器运行；当炉膛温度低于50℃时，停止火焰检测冷却风机运行。

5-82 引起锅炉煤粉爆燃的条件有哪些？

(1) 锅炉灭火后，未及时切断燃料供给，炉内积粉浓度聚集达到爆燃浓度。

(2) 锅炉灭火后，未及时切断燃料供给，炉内聚集的煤粉在再次点火时引起爆燃。

(3) 锅炉运行中个别燃烧器灭火，造成局部爆燃。

(4) 输粉管道积粉引起爆燃。

(5) 磨煤机停用时吹扫不干净，煤粉堆积，再次启动磨煤机时，造成爆燃。

5-83 锅炉炉膛爆燃的原因有哪些？

(1) 锅炉点火前已有油或煤粉漏入炉膛，形成并达到可爆燃浓度的空气混合物，未进行吹扫即点火。

(2) 锅炉启动点火时，油温低于规定值或雾化不良，有油滴沉积在受热面上，当炉膛温度逐渐升高时，沉积的油滴大量挥发并遇上火源，在炉内爆燃。

(3) 多次点火不成功，炉膛及后部烟道或受热面上积有可燃燃料，未经吹扫即点火，引起爆燃。

（4）锅炉在长期低负荷或氧量不足的情况下运行，在灰斗和烟道死区滞积有引燃的燃料，当这些燃料被突然增大的通风或吹灰所扰动时形成爆燃。

（5）当炉膛上部大渣突然掉下使部分燃烧器失去火焰，或使全炉膛灭火，而继续送入燃料和空气，并在此情况下强投点火器。

（6）当供给燃烧器的燃料、空气、点火源突然中断时，造成瞬间灭火，但随即又恢复，使积聚的可燃物被点着而引起爆燃。

（7）在一个或多个燃烧器灭火或燃烧不稳定的情况下，再投入制粉系统或油枪，引起积聚的燃料爆燃。

（8）锅炉熄火停炉后，燃油系统阀门关闭不严，特别是油枪供油电磁阀关闭不严，燃油继续漏入炉膛而未发现，在热炉膛的条件下，燃油挥发达到一定浓度后，发生爆燃。

（9）脱硫系统故障。

5-84　防止锅炉炉膛爆燃的措施有哪些？

（1）锅炉灭火后，必须进行炉膛吹扫，严禁强制吹扫条件强行点火。

（2）锅炉灭火，MFT 保护未动作时，必须手动 MFT。

（3）锅炉首次点火三次失败，必须执行吹扫程序后再行点火。

（4）定期检查火焰检测信号，保证火焰检测信号真实可靠。

（5）停炉后，必须将炉前供、回油及各油枪燃油手动门关闭，防止燃油漏入炉膛。

（6）MFT 动作后，检查并确认所有燃料全部切断。

（7）锅炉正常运行时，加强氧量调整，保证燃料完全燃烧，防止未燃尽的燃料爆燃。

（8）定期检查油枪雾化片，防止雾化片脱落、投入油枪时，大量燃油喷入炉膛。

5-85 防止锅炉爆燃的措施有哪些?

(1) 锅炉灭火跳闸后，保持30%～40%风量吹扫至少5min，严禁未经吹扫强行点火。

(2) 炉膛压力保护要可靠投入，炉膛火焰电视摄像装置完好，当达到保护值而保护拒动作时，应立即按下“MFT”按钮，紧急停炉。

(3) 锅炉每次启动前，必须进行炉膛正负压和“MFT”手动停炉按钮试验，试验不合格禁止启动。

(4) 正常运行中，火焰检测冷却风机压力低报警时，及时清理滤网，以保证火焰检测冷却风机压力正常。

(5) 制粉系统停运时，应进行系统吹扫，防止再次启动时，使大量煤粉进入炉膛，造成炉膛爆燃。

(6) 油枪点火后就地确认着火良好，油枪点火不成功，要及时关闭其供油门并通知检修人员检查处理。

(7) 锅炉制粉系统运行时，如果因煤质不好造成燃烧火焰检测信号摆动，应及时投油助燃。

(8) 启动第一台磨煤机时，必须使相应的油枪全部投入，且燃烧稳定，火焰检测信号全部返回。

(9) 当燃用劣质煤时，投下层燃烧器且保持两个相邻磨煤机运行，低负荷时各台磨煤机的量分配要均匀，尽量维持各台磨煤机的煤量均在额定出力的50%以上，否则可停掉一台磨煤机运行，以利于燃烧稳定，并且磨煤机一次风量偏值设置要适当，以保证燃烧器的着火距离。

(10) 锅炉低负荷运行中尽量投下层煤燃烧器。

(11) 低负荷炉膛吹灰时，要严密监视炉膛着火情况，当发现磨煤机火焰检测信号变弱、燃烧不稳时，要立即停止炉膛吹灰器运行。

(12) 磨煤机运行时，火焰检测保护必须按要求投入，发现火焰检测信号大幅度摆动时，应及时投油助燃，不允许强制火焰检测信号。

(13) 加强配煤管理和煤质分析，及时将煤质情况通知运行人员，做好调整燃烧应变措施，防止锅炉灭火。

(14) 注意燃煤变化，当原煤水分较大时，要加强对磨煤机出口温度的监视，保证磨煤机出口温度在75℃以上，否则可适当增加风量，以保证着火稳定性及防止磨煤机堵煤。

(15) 当炉膛已经灭火或已局部灭火并濒临全部灭火时，严禁投油助燃，要立即停止燃料（含煤、油）供给，严禁用爆燃法恢复燃烧。重新点火前，必须对锅炉进行充分通风吹扫，以清除炉膛和烟道内的可燃物。

(16) 当炉内各台磨煤机火焰检测信号变弱且炉膛火焰电视显示炉膛已经无火时，立即手动MFT，禁止投油助燃。

(17) 磨煤机运行时，火焰检测保护达到跳闸条件保护未动作时，必须手停该磨煤机。

(18) 当发现锅炉MFT后，应迅速检查所有燃料切断，所有磨煤机、给煤机跳闸，两台一次风机跳闸，所有油枪跳闸，燃油供、回油速断阀关闭，所有火焰检测信号消失。

(19) 当锅炉MFT动作原因为两台引风机或两台送风机跳闸时，在跳闸后要保持风机动静叶开度为跳闸前开度，并且保持此种状态不能少于15min。如果送风机或引风机能够启动，则重新启动并调整风量至总风量的30%～40%进行炉膛吹扫，吹扫时间不少于5min。

(20) 每月进行火焰检测冷却风机轮换运行。

(21) 每月进行一次燃油速关阀及回油电磁阀开关试验。

(22) 每月进行两次油枪定期点火试验。

5-86　锅炉发生快速甩负荷（RB）的现象及原因有哪些？

现象：

（1）事故声光报警，CRT 显示 RB 动作原因。

（2）故障跳闸设备状态指示闪烁。

（3）部分制粉系统跳闸。

原因：

（1）两台汽动给水泵中一台跳闸。

（2）两台送风机中一台跳闸。

（3）两台引风机中一台跳闸。

（4）两台一次风机中一台跳闸。

（5）两台空气预热器中一台跳闸。

5-87 锅炉发生快速甩负荷（RB）应如何处理？

（1）锅炉发生 RB 后，应检查协调自动跟踪情况，如协调跟踪正常，要密切监视协调的工作情况，不得解除协调进行手动调整。如果协调跟踪不正常，应立即解除协调，切除上层磨煤机，保留 3 台磨煤机运行，将运行给煤机出力调整到和 300MW 负荷相适应，调整给水流量，保证主、再热蒸汽温度正常。

（2）一台给水泵跳闸，应立即将运行的给水泵出力加到最大，四段抽汽压力不足立即切换到冷段汽源运行。

（3）一台送风机跳闸，应立即将运行送风机出力加到最大，检查跳闸送风机出口挡板是否关闭严密。

（4）一台引风机跳闸，应立即将运行引风机出力加到最大，检查跳闸引风机出、入口挡板是否关闭严密。

（5）一台一次风机跳闸，应立即将运行一次风机出力加到最大，检查跳闸一次风机出口挡板和冷风挡板是否关闭严密，同时严密监视锅炉一次风压和停运磨煤机的出入口挡板关闭情况，避免出现一次风压力过低影响送粉和着火，以及一次风压力突然升高可能出现的炉膛爆燃。

（6）系统运行相对稳定后调整燃料量、给水量、风量，保证机组在允许的最大出力下稳定运行，联系检修人员查找 RB 动作原因，消除故障后恢复机组正常运行。

5-88　锅炉主蒸汽压力异常的现象是什么?

(1) 主蒸汽压力偏离当前负荷对应的正常值。

(2) 主蒸汽压力异常报警。

(3) 主蒸汽温度可能异常。

(4) 机组负荷可能升高或者降低。

(5) 主蒸汽安全阀可能动作。

(6) 主蒸汽安全阀、高压旁路就地有泄漏声，高压旁路减温器后温度高或高压旁路减温水阀开启。

(7) 四管泄漏监测装置报警，就地可能听到泄漏声。

(8) 主蒸汽流量与给水流量不匹配。

5-89　锅炉主蒸汽压力异常的原因有哪些?

(1) 主蒸汽安全阀误动作启座或严重内漏造成主蒸汽压力降低。

(2) 高压旁路误开或严重内漏造成主蒸汽压力降低。

(3) 汽轮机调节阀故障，不正常地开大或关小。

(4) 机组负荷突降。

(5) 煤质突变。

(6) 主蒸汽系统严重泄漏。

(7) 压力控制阀误动作启座或严重内漏造成主蒸汽压力降低。

5-90　锅炉主蒸汽压力异常应如何处理?

(1) 压力控制阀误动作启座应立即手动关闭，关闭无效或严重内漏时，应立即关闭压力控制阀前手动阀。

(2) 高压旁路误开造成主蒸汽压力降低时，应立即手动关闭，关闭无效，应到就地强制关闭后查找原因进行处理；如果高压旁路就地强制关闭无效或内漏严重无法处理，应申请停炉处理。

（3）主汽阀或高压调节阀故障，不正常地开大或关小，应立即联系检修人员处理，经处理仍不能恢复正常，主蒸汽压力高影响机组正常带负荷或可能在额定负荷时造成主蒸汽安全阀动作，应申请停炉处理。

（4）主蒸汽系统严重泄漏，应停炉处理。

5-91　锅炉主蒸汽温度异常的现象有哪些？

（1）主蒸汽温度异常声光报警。

（2）DCS 主蒸汽温度异常报警。

（3）主蒸汽温度过高或过低。

（4）过热器减温水调节阀全开或全关。

（5）主机轴向位移、胀差等参数发生变化。

5-92　锅炉主蒸汽温度异常的原因有哪些？

（1）机组协调故障或手动调节不及时造成水煤比严重失调。

（2）燃烧工况发生大幅度扰动，机组协调跟踪质量不好或手动调节不及时。

（3）给水系统故障，机组协调跟踪质量不好或手动调节不及时。

（4）炉膛严重结焦或积灰。

（5）炉膛结焦、积灰严重进行吹灰。

（6）煤质严重偏离设计值。

（7）减温水阀门故障。

（8）主蒸汽系统受热面或管道严重泄漏。

（9）高压加热器突然解列。

（10）机组突然甩负荷。

5-93　锅炉主蒸汽温度异常应如何处理？

（1）机组协调故障造成水煤比失调，应立即解除协调，根据当前负荷需求决定调整燃料量或给水量。为防止加剧系统扰动，当水煤比失调后，应尽量避免煤和水同时调整，水煤比调整相对稳定后再进一步调整负荷。

（2）燃烧工况发生大幅度扰动（如发生甩负荷或一台以上制粉系统跳闸），控制系统工作在协调状态，主蒸汽温度在自动控制方式，值班员应密切注意协调和自动的工作状况，尽量不要手动干预。当协调和自动工作不正常时，值班员应果断地将协调和自动切为手动进行调整。

（3）当给水系统故障（如一台给水泵跳闸、高压加热器解列），控制系统工作在协调状态，主蒸汽温度在自动控制方式，值班员应密切注意协调和自动的工作状况，尽量不要手动干预。当协调和自动工作不正常时，值班员应果断地将协调和自动切为手动进行调整。

（4）当炉膛严重结焦和积灰造成主蒸汽温度异常，应及时进行炉膛和受热面吹灰；当吹灰器不能正常投入或吹灰器投入后仍不能清除结焦和积灰，可对给水控制系统的中间点温度进行修正或将给水控制切为手动控制。如经过吹灰和调整仍不能使主蒸汽温度恢复正常并且受热面金属温度存在超温，应申请停炉处理。

（5）如炉膛结焦和积灰严重的情况下进行吹灰，应密切监视受热面温度的变化和自动的跟踪情况，必要时可适当降低主蒸汽温度设定值，防止主蒸汽温度超温。自动跟踪不正常，应将其切为手动进行调整。

（6）当煤质发生变化时，应提前通知集控值班人员，并根据情况制定相应的燃煤混烧措施和对燃烧情况进行调整。

（7）减温水阀门故障，应将相应的减温水调节阀自动切为手动并适当降低主蒸汽温度运行，必要时可对给水控制系统的中间点温度进行修正或将给水控制切为手动控制，适当降低升降负荷速度，防止主蒸汽超温，及时对故障的减温水阀门进行检修处理。

（8）主蒸汽系统受热面或管道严重泄漏，应及时停炉处理，在维持运行期间，如协调和主蒸汽温度自动不能正常工作，应将其切为手动调整，并适当降低主蒸汽温度运行。如受热面或管道泄漏严重造成主蒸汽温度和受热面金属温度严重超温经调整无效，应立即停止锅炉运行。

（9）如蒸汽参数无法控制，达到汽轮机故障停机条件，应停机处理。

5-94 锅炉再热蒸汽压力异常的现象是什么？

（1）再热蒸汽压力偏离当前负荷对应正常值。

（2）再热蒸汽温度异常报警。

（3）机组负荷降低。

（4）再热蒸汽安全阀可能动作。

（5）再热蒸汽安全阀就地可能有泄漏声。

（6）低压旁路可能开启。

（7）再热蒸汽系统泄漏，四管泄漏监测装置报警。

5-95 锅炉再热蒸汽压力异常的原因有哪些？

（1）再热器安全阀误动作或内漏造成再热器压力低。

（2）低压旁路误开或严重内漏造成再热器压力低。

（3）高压旁路误开或严重内漏造成再热器压力高。

（4）中压调门或中压主汽门故障，中压主汽门或中压调门关闭或关小造成再热蒸汽压力高。

（5）再热蒸汽系统严重泄漏。

（6）抽汽系统异常。

（7）事故减温水阀故障。

5-96 锅炉再热蒸汽压力异常应如何处理？

（1）再热器安全阀误动应立即查找原因进行处理。

（2）如果再热器安全阀无法回座或严重内漏无法恢复正常，

应申请停炉处理。

（3）低压旁路误开应立即手动关闭，手动关闭无效，应到就地强制关闭后查找原因进行处理；如果低压旁路就地强制关闭无效或内漏严重无法处理，应申请停炉处理。

（4）高压旁路误开造成再热蒸汽压力高应立即手动关闭，手动关闭无效，应到就地强制关闭后查找原因进行处理；如果高压旁路就地强制关闭无效或内漏严重无法处理，应申请停炉处理。

（5）中压调门或中压主汽门故障，中压主汽门或中压调门关闭或关小应联系检修人员进行处理，经处理仍不能恢复正常，再热蒸汽压力高可能造成再热蒸汽安全阀动作，应申请停炉处理。

（6）再热系统严重泄漏应申请停炉处理。

（7）抽汽系统异常应通知检修恢复正常运行。

5-97　锅炉再热蒸汽温度异常的现象是什么？

（1）再热蒸汽温度异常声光报警。

（2）分散控制系统（DCS）再热蒸汽温度异常报警。

（3）再热蒸汽温度过高或过低。

（4）事故减温水全开或全关。

5-98　锅炉再热蒸汽温度异常的原因有哪些？

（1）燃烧工况发生大幅度扰动，再热蒸汽温度调节自动跟踪不好。

（2）炉膛严重结焦或积灰。

（3）炉膛结焦和积灰严重情况下进行吹灰。

（4）煤质严重偏离设计值。

（5）事故减温水阀门故障。

（6）燃烧器损坏、风门挡板损坏或炉膛配风不合理。

（7）炉底漏风严重。

（8）下层制粉系统退出运行，火焰中心上移。

5-99　锅炉再热蒸汽温度异常应如何处理？

（1）燃烧工况发生大幅度扰动（如发生甩负荷或一台以上制粉系统跳闸），再热蒸汽温度在自动控制方式，值班员应密切注意自动的工作状况，尽量不要手动干预。当自动工作不正常时，值班员应果断地将自动切为手动进行调整。

（2）当炉膛严重结焦和积灰造成再热蒸汽温度异常时，应及时进行炉膛和受热面吹灰，当吹灰器不能正常投入或吹灰器投入后仍不能清除结焦和积灰，事故减温水调节阀全开或全关经燃烧调整仍不能使再热蒸汽温度恢复正常，并且受热面金属温度存在超温时，应申请停炉处理。

（3）如在炉膛结焦和积灰严重的情况下进行吹灰，应密切监视受热面温度的变化情况和自动跟踪情况，必要时可适当降低再热蒸汽温度设定值，防止再热蒸汽温度超限。自动跟踪不正常，应将其切为手动进行调整。

（4）当煤质发生变化时，应提前通知集控运行人员，并根据情况制定相应的燃煤混烧措施和对燃烧情况进行调整。

（5）燃烧器摆动机构或事故减温水阀门故障，应将再热蒸汽温度自动切换为手动并适当降低再热蒸汽温度运行。适当降低升降负荷速度，防止再热蒸汽超温，及时对故障的燃烧器摆动机构、减温水阀门进行检修处理。

（6）燃烧器损坏、风门挡板损坏或炉膛配风不合理，应及时对损坏的燃烧器和风门挡板进行处理，故障设备未处理完之前应适当降低再热蒸汽温度运行，适当降低升降负荷速度，防止再热蒸汽温度超温。

（7）配风不合理，应对炉膛配风进行调整。

（8）如蒸汽参数无法控制，达到汽轮机故障停机条件，应申请停机。

5-100　锅炉给水流量低有什么现象？给水流量低的原因是

什么？

现象：

（1）集控中央显示屏（CRT）上显示给水流量降低，给水压力降低。

（2）主蒸汽流量及机组负荷下降。

（3）锅炉受热面工质温度上升。

（4）给水流量低、主蒸汽温度超限报警，给水泵跳闸或调节系统故障等可能报警。

原因：

（1）给水泵跳闸，控制系统跟踪不良或运行给水泵出力不满足。

（2）给水管道、高压加热器严重泄漏。

（3）高压加热器、给水阀门故障。

（4）给水自动失灵。

（5）机组负荷骤减或其他原因造成汽动给泵汽源压力下降或中断。

5-101　锅炉给水流量低应如何处理？

（1）机组负荷高于50%，给水泵跳闸，甩负荷发生，应密切监视给水自动跟踪情况，尽量不要手动干预；控制系统工作不正常，应果断将自动控制切换为手动，将运行给水泵出力加至最大，同时降低制粉系统出力或停止部分制粉系统，启动电动给水泵，尽量满足电网负荷需求。机组负荷低于50%，给水泵跳闸，自动控制系统工作不正常，立即切除给水自动，将运行泵给水流量增大。

（2）给水管道泄漏，锅炉给水能维持运行，应根据情况适当降低机组负荷并调整水煤比正常后申请停机处理。高压加热器泄漏应立即切除其运行，根据给水温度降低情况逐渐降低给水流量。当给水管道或高压加热器泄漏，威胁设备及人身安全时，应立即停止机组运行。

(3) 高压加热器、给水阀门故障，如给水流量高于保护动作值，应立即将负荷降低至对应给水流量负荷，机组运行稳定后联系检修人员进行处理。如运行中无法对故障阀门进行处理，应申请停炉处理。

(4) 给水自动装置工作不正常，应立即将自动切至手动，手动调节给水泵转速，维持给水流量正常后联系热工人员对自动控制系统进行处理。

(5) 机组负荷骤减或其他原因造成汽动给水泵汽源压力下降或中断，当给水流量未达到保护动作值时，应立即启动电动给水泵或恢复厂用汽压力，同时迅速调整给水流量或减少燃料量，维持水煤比，确保蒸汽温度正常。当给水流量低于保护动作值、中间点温度达到保护动作值保护拒动，或锅炉受热面严重超温不能立即恢复至正常值时，应立即手动 MFT。

5-102 锅炉水冷壁泄漏的现象是什么?

(1) 四管泄漏检测装置报警。

(2) 就地检查可能听到炉膛内有泄漏声，如果水冷壁炉膛外泄漏，能看到泄漏处冒汽、冒水。

(3) 给水流量不正常地大于蒸汽流量，机组负荷降低。

(4) 泄漏点后沿程温度升高，过热器减温水调节阀不正常地开大。

(5) 水冷壁严重泄漏，可能造成燃烧不稳，引风机电流增大和电除尘器工作不正常，特别严重时可能造成炉膛灭火。

(6) 除灰管道、空气预热器可能堵灰。

(7) 机组补水量增加。

5-103 锅炉水冷壁泄漏的原因是什么?

(1) 水冷壁管材质存在缺陷或制造、安装时对管材产生损伤。

（2）给水品质长期不合格或局部热负荷过高，使水冷壁管内结垢严重，造成管材腐蚀减薄或超温爆管。

（3）部分水冷壁管内部存在杂物堵塞、水冷壁管缩孔不当、水冷壁管焊口错位、水动力工况不正常等原因造成管内质量流量低，燃烧器损坏、配风不合理、炉膛严重结焦等原因造成炉膛局部热负荷高。上述原因造成部分水冷壁内工质流量与管外热负荷不相适应，从而造成管壁超温爆管。

（4）炉膛内热负荷不均或水动力工况不正常造成水冷壁管间温差过大，炉膛膨胀受阻，锅炉冷却和升温速度过快，造成应力撕裂水冷壁管。

（5）水冷壁吹灰器位置不正确或者未退出，疏水未疏尽，吹损管壁。

（6）炉膛内大块焦渣脱落，砸坏水冷壁管或炉膛发生严重爆炸，使水冷壁管损坏。

5-104　锅炉水冷壁泄漏应如何处理？

（1）水冷壁泄漏不严重，给水流量能够满足机组负荷需要，各水冷壁金属温度不超温，管间温差在允许范围内，注意监视各受热面沿程温度和水冷壁金属温度，及时汇报并密切关注泄漏情况的发展，做好停炉准备。

（2）在水冷壁泄漏处增设围栏并悬挂标示牌，防止汽水喷出伤人。

（3）若泄漏严重，泄漏点后工质温度急剧升高或管间温度偏差超过允许值无法维持正常运行，应立即手动 MFT。

（4）注意电除尘器的工作情况，加强巡视检查，防止电除尘器电极积灰和灰斗、管道及空气预热器等堵灰。

（5）停炉后应保留送、引风机运行，待不再有汽水喷出后再停止送、引风机运行。

5-105　锅炉省煤器损坏的现象是什么？

（1）四管泄漏检测装置报警。

（2）就地检查可能听到省煤器部位有泄漏声，如果泄漏严重，省煤器灰斗不严密处冒汽、冒水。

（3）空气预热器入口烟气温度降低。

（4）省煤器两侧烟气温差增大。

（5）炉膛负压偏正，在相同的负荷下引风机入口动叶开度增大，引风机电流增大。

（6）省煤器、空气预热器、电除尘器灰斗、输灰管道可能堵灰，空气预热器可能积灰，电除尘器可能工作不正常。

（7）泄漏点后沿程温度升高，减温水调节阀不正常地开大。

（8）机组补水量增加。

5-106　锅炉省煤器损坏的原因是什么？

（1）省煤器管材质存在缺陷或制造、安装时对管材产生损伤。

（2）省煤器防磨瓦安装位置不正确，掉落过多，检修周期过长，造成管壁磨损减薄爆管。

（3）给水品质长期不合格，管材腐蚀减薄，造成爆管。

（4）省煤器处发生再燃烧，造成省煤器管超温损坏。

（5）省煤器吹灰器位置不正确或者未退出，疏水未疏尽，吹损管壁。

5-107　锅炉省煤器损坏应如何处理？

（1）省煤器泄漏不严重，给水流量能够满足机组负荷需要，各水冷壁金属温度不超温，注意监视各受热面沿程温度，密切关注泄漏情况的发展。

（2）在省煤器人孔、灰斗处增设围栏并悬挂标示牌，防止汽水喷出伤人。

（3）若泄漏严重，泄漏点后工质温度急剧升高无法维持正常运行，应立即手动 MFT。

（4）注意监视除灰系统和空气预热器的工作情况，加强巡视检查，如除灰系统或空气预热器堵灰严重，电除尘器无法正常工作，应申请停炉处理。

（5）如果省煤器泄漏严重，停炉后不得开启省煤器再循环阀，且锅炉不得继续上水。

（6）停炉后应保留送、引风机运行，待不再有汽水喷出后再停止送、引风机运行。

5-108　锅炉过热器损坏的现象是什么？

（1）四管泄漏检测装置报警。

（2）就地检查过热器部位有泄漏声。

（3）电除尘器可能工作不正常，除灰系统、空气预热器可能堵灰。

（4）给水流量不正常地大于蒸汽流量，机组负荷降低。

（5）泄漏点后沿程温度升高或减温水调节阀不正常地开大。

（6）炉膛负压减小或变正压，严重时人孔及烟道不严密处喷汽和冒汽，引风机电流增加。

（7）过热器后烟气温度下降。

（8）机组补水量增加。

5-109　锅炉过热器损坏的原因是什么？

（1）过热器管材质存在缺陷或制造、安装时对管材产生损伤。

（2）过热器防磨瓦安装位置不正确，掉落过多，检修周期过长，造成管壁磨损减薄爆管。

（3）蒸汽品质长期不合格，管内积盐，造成管材长期超温爆管。

（4）制粉系统运行方式不合理或炉膛热负荷不均或设计不当、部分吹灰器损坏，管屏积灰不一致，管屏间距支撑或管卡损坏，造成管屏或部分管子出列，过热器产生热偏差，部分过热器管长期超温爆管。

（5）过热器管内杂物堵塞或焊口错位造成通流量低，管材超温爆管。

（6）过热器温度自动跟踪不良或过热器长时间超温运行，造成长期超温爆管。

（7）过热器进水或过热器严重超温造成短期超温爆管。

（8）过热器吹灰器位置不正确或者未退出，疏水未疏尽，吹损管壁。

5-110　锅炉过热器损坏应如何处理？

（1）过热器泄漏不严重，泄漏点后沿程温度能维持正常运行，应及时汇报并关注泄漏情况的发展，必要时降低机组负荷运行。为防止泄漏点吹损其他管屏或相邻管子流量降低超温损坏，应及早申请停炉处理。

（2）如过热器爆管，泄漏点后温度急剧升高无法维持正常运行或相邻管金属温度严重超过允许温度，应立即停炉处理。

（3）过热器泄漏不严重维持运行期间，在泄漏点人孔、检查孔处增设围栏并悬挂标示牌，防止蒸汽喷出伤人。

（4）过热器维持运行期间注意监视除灰系统和空气预热器的运行情况，加强巡视检查，如除灰系统或空气预热器堵灰严重，电除尘器无法正常工作，应申请停炉处理。

（5）停炉后应保留送、引风机运行，待不再有汽水喷出后再停止送、引风机运行。

5-111　锅炉再热器泄漏的现象是什么？

（1）四管泄漏检测装置报警。

（2）就地检查再热器部位有泄漏声。

（3）电除尘器可能工作不正常，除灰系统、空气预热器可能堵灰。

（4）机组负荷降低。

(5) 泄漏点后沿程温度升高或烟气挡板开度不正常。

(6) 机组补水量增加。

5-112　锅炉再热器泄漏的原因是什么?

(1) 再热器管材质存在缺陷或制造、安装时对管材产生损伤。

(2) 再热器防磨瓦安装位置不正确，掉落过多，检修周期过长，造成管壁磨损减薄爆管。

(3) 蒸汽品质长期不合格，管内积盐，造成管材长期超温爆管。

(4) 制粉系统运行方式不合理或炉膛热负荷不均或设计不当，部分吹灰器损坏，管屏积灰不一致，管屏间距支撑或管卡损坏，造成管屏或部分管子出列，再热器产生热偏差，部分再热器管长期超温爆管。

(5) 再热器管内杂物堵塞或焊口错位造成通流量低，管材超温爆管。

(6) 再热器温度自动跟踪不良或再热器长期超温运行，造成长期超温爆管。

(7) 事故减温水使用不当，造成再热器进水或再热器严重超温，从而造成短期超温爆管。

(8) 锅炉启动期间再热器干烧，烟气温度超过再热器管材许用温度，超温损坏。

(9) 再热器吹灰器位置不正确或者未退出，疏水未疏尽，吹损管壁。

5-113　锅炉再热器泄漏应如何处理?

(1) 再热器泄漏不严重，泄漏点后沿程温度能维持正常运行，应及时汇报并关注泄漏情况的发展，必要时降低机组负荷运行。为防止泄漏点吹损其他管屏或相邻管子流量降低超温损坏，应及早申请停炉处理。

（2）如再热器爆管，泄漏点后温度急剧升高无法维持正常运行或相邻管金属温度严重超过允许温度，应立即停炉处理。

（3）再热器泄漏不严重维持运行期间，在泄漏点人孔、检查孔处增设围栏并悬挂标示牌，防止蒸汽喷出伤人。

（4）再热器维持运行期间注意监视除灰系统和空气预热器的运行情况，加强巡视检查，如除灰系统或空气预热器堵灰严重，电除尘器无法正常工作，应申请停炉处理。

（5）停炉后应保留送、引风机运行，待不再有汽水喷出后再停止送、引风机运行。

5-114　锅炉结焦的现象有哪些？

（1）锅炉过热器、再热器、水冷壁、燃烧器、冷灰斗等处可能有焦渣聚集。

（2）锅炉中间点温度、过热器出口或沿程温度、再热器出口或沿程温度、过热器减温水调节阀或再热器减温水调节阀开度不正常。

（3）燃烧器结焦严重可能造成燃烧不稳定，炉膛热负荷不均，受热面金属温度偏差增大。

（4）捞渣机出渣量增大且捞渣机驱动电动机电流超过正常值。

（5）冷灰斗可能堵渣。

5-115　过热器超温爆管的原因有哪些？

（1）锅炉炉膛中烟气温度场和速度场本身分布就不均匀，一般来说烟道中部热负荷大，两边热负荷小。

（2）对于采用直流燃烧器四角切圆燃烧方式的锅炉，由于四角切圆燃烧方式产生的旋转（一般在炉膛出口处的旋转强度为炉膛中心旋转强度的80%左右），造成严重的“扭转残余”，更加剧了烟道宽度方向的速度场与温度场的不均匀性，造成部分过热器的超温爆管。

（3）水冷壁结渣，导致炉膛吸热量减小，火焰中心上移，炉膛出口烟气温度升高，使过热器工作在超温的环境中。

（4）过热器本身的沾污、高温腐蚀，导致烟气速度场、温度场分布不均，产生过热器管间吸热严重不均。

（5）燃烧系统布置不合理，火焰中心偏移，致使“扭转残余”增大；火焰贴壁，致使水冷壁结渣；配风不合理，致使煤粉燃烧推迟，炉膛出口烟气温度升高等。

（6）炉膛漏风严重，导致流过过热器的高温烟气流量增大，使过热器过热爆管。

（7）流量的不均匀性，导致部分管路蒸汽流量大，冷却效果好，部分管路则由于流量小容易爆管。

5-116　风机轴承温度高的原因及处理方法如何？

风机轴承温度异常升高的原因有三类：润滑不良、冷却不够、轴承异常。离心式风机轴承置于风机外，若是由于轴承疲劳磨损出现脱皮、麻坑、间隙增大引起的温度升高，一般可以通过听轴承声音和测量振动等方法来判断，若是润滑不良、冷却不够的原因则较容易判断。而轴流式风机的轴承集中于轴承箱内，置于进气室的下方，当发生轴承温度高时，由于风机在运行，很难判断是轴承有问题还是润滑、冷却的问题。实际工作中应先从以下几个方面解决问题：

（1）加油是否恰当。应当按照定期工作的要求给轴承箱加油，轴承加油后有时也会出现温度高的情况，主要是加油过多，这时现象为温度持续不断上升，到达某点后（一般比正常运行温度高10～15℃）就会维持不变，然后会逐渐下降。

（2）冷却风机小，冷却风量不足。引风机处的烟气温度为120～140℃，轴承箱如果没有有效的冷却，轴承温度会升高，比较简单同时又节约厂用电的解决方法是在轮毂侧轴承设置冷却风。

（3）确认不存在上述问题后再检查轴承箱。

5-117 风机动叶卡涩应如何处理？

轴流式风机动叶调节是通过传动机构带动滑阀改变液压缸两侧油压差实现的。在轴流式风机的运行中，有时会出现动叶调节困难或完全不能调节的现象，出现这种现象通常会认为是风机调节油系统故障和轮毂内部调节机构损坏等，但在实际中通常是另外一种原因：在风机动叶片和轮毂之间有一定的空隙，以实现动叶角度的调节，但不完全燃烧造成碳垢或灰尘堵塞空隙造成动叶调节困难。解决的措施主要有：

（1）适当提高排烟温度和进风温度，避免烟气中的硫在空气预热器中的结露。

（2）在叶轮进口设置蒸汽吹扫管道，当风机停机时，对叶轮进行清扫，保持叶轮清洁。

（3）适时调整动叶开度，防止叶片长时间在一个开度而造成结垢，风机停运后动叶应进行间断地开关试验。

（4）经常检查动叶传动机构，适当加润滑油。

5-118 过热器和再热器管壁温度产生偏差的原因有哪些？

（1）锅内的水动力偏差。因管道内阻力不同导致汽水流动时的速度偏差。水动力偏差形成的原因和判断：过热器和再热器每根管子的长度和管子上的焊口数量都不相同，焊口多阻力点就多，管道长阻力就大，这些原因都是导致锅内水动力偏差的主要原因，任何锅炉都不可避免。除此之外，还有管内结垢和管内异物堵塞。无论锅炉在什么工况下，如果总有几根管子的壁温较高，那么就可以断定存在着比较严重的水动力偏差。

（2）炉内的热偏差。因烟气流分布不均，导致水平烟道内烟气流动速度的偏差。热偏差形成的原因和判断：炉膛内热偏差主要是火焰中心的偏斜和水冷壁表面结焦导致传热受阻形成的。烟道内热偏差形成的原因主要有五个：①四角布置切圆燃烧的烟气在炉膛出口所携带的残余旋转动量；②水平烟道内因管排表面的积灰、堵灰所形成的烟气走廊；③水平烟道内因管排变形所形成的阻力；④低负荷时因烟气量减少，烟气流速降低所形成的气流偏差；⑤制粉系统三次风所造成的气流偏差。这些原因在锅炉运行中都始终处在一个动态变化过程之中，所以在管壁出现异常时很难在短时间内做出正确的判断，要消除这个异常，就要改变不同的运行方式进行调整、摸索、观察、总结。

（3）高温段过热器外圈管束的特性异变。高温段过热器布置在折焰角的正上方，其具体位置在后墙水冷壁延长线的前边，它的外圈管前部紧邻屏式过热器，也就是说它的外圈管前部和屏式过热器的后部基本处于同一工况环境之内。虽然高温段过热器整体呈现对流式过热器特性，但高温段过热器最外圈管束应具有较为明显的辐射特性，所以在减负荷时高温段过热器外圈管束的温度可能会升高。

5-119　锅炉结焦应如何处理？

（1）燃煤品质发生变化前，事先通知运行人员制定相应的措施。

（2）锅炉应控制在额定出力以下运行，如果炉膛结焦严重，通过吹灰和调整燃烧仍然不能改善，应降低锅炉出力。

（3）保持合理的一、二次风配比，以维持燃烧器出口的二次风强度，燃烧器损坏及时处理，防止火焰贴壁造成结焦。

（4）保持正常的磨煤机出口温度、一次风量和煤粉细度。如果燃烧器附近结焦严重，可适当降低磨煤机出口温度，适当增加一次风量和适当降低煤粉细度，将着火点适当推迟。

（5）维持正常的制粉系统运行，如部分磨煤机检修不得已非正常方式运行，可视情况调整配风和各磨煤机的负荷分配；如果通过加强吹灰和调整无法解决，应降低锅炉出力运行。

（6）锅炉结焦严重，可适当增加燃烧器的配风，降低燃尽风量并增加整体炉膛的过量空气系数运行。

（7）水冷壁吹灰器应按要求正常投入，炉膛结焦严重时应适当提高吹灰频率。

5-120 锅炉过热器、再热器管壁超温的原因有哪些？

（1）制粉系统运行方式不合理、炉膛热负荷不均或设计不当、部分吹灰器损坏，管屏积灰不一致，管屏间距支撑或管卡损坏造成管屏或部分管子出列，炉膛严重结焦造成过、再热器产生热偏差。

（2）过、再热器管内结垢造成管壁超温。

（3）过、再热器管内杂物堵塞或焊口错位造成通流量低。

（4）过、再热器温度自动跟踪不良或过、再热器管内蒸汽温度超温运行造成管壁超温。

5-121 过热器、再热器管壁超温如何处理？

（1）尽量维持制粉系统正常方式运行，如部分制粉系统检修不能投入运行，应通过调整配风和各制粉系统的出力使炉膛热负荷趋于均匀；若经过调整仍不能使金属温度降至正常值以下，应降低主、再热蒸汽温度运行。

（2）加强水冷壁、过热器蒸汽吹灰，吹灰器损坏应及时处理投入运行。

（3）加强化学监督，如锅炉运行时间过长，过、再热器管内积盐严重，应降低过、再热蒸汽温度运行，尽早安排锅炉酸洗。

（4）如部分过、再热器管壁超温，应适当降低蒸汽温度运行并在锅炉停炉时安排割管检查。

（5）自动跟踪不良，应查找原因对控制参数进行调整和设置。

5-122 锅炉紧急停炉的操作要点是什么？

当锅炉符合紧急停炉条件时，应立即按下紧急停炉按钮，锅炉主燃料跳闸（MFT）动作后，立即检查自动联锁动作正常，否则应进行人工干预。

（1）切断所有的燃料（煤粉 、燃油）。

（2）联跳一次风机。

（3）磨煤机、给煤机全部停运。

（4）所有燃油进油、回油快关阀和油枪电磁阀关闭。

（5）汽轮机、发电机跳闸，厂用电切换正常。

（6）全部电除尘器跳闸。

（7）全部吹灰器跳闸。

（8）全开各层周界风挡板，将二次风挡板控制方式切至手动，并全开各层二次风挡板。

（9）调整炉膛负压正常，风量大于炉膛吹扫风量。

（10）检查关闭过热器减温水隔离阀及调节阀。

（11）检查关闭再热器减温水隔离阀及调节阀。

（12）两台汽动给水泵自动跳闸，电动给水泵自启动，否则人为强行启动电动给水泵。

（13）进行炉膛吹扫，锅炉主燃料跳闸复归（MFT 动作原因消除后）。

（14）如故障可以很快消除，应做好锅炉极热态启动的准备工作。

（15）如故障难以在短时间内消除，则按正常停炉处理。

5-123　对于汽包锅炉，为什么省煤器泄漏停炉后，不准开启省煤器再循环阀？

停炉后一段时间内因为炉墙的温度还比较高，当锅炉不上水时，省煤器内没有水流动，为了保护省煤器，防止过热，应将省煤器再循环阀开启。但是如果省煤器泄漏，则停炉后不上水时不准开启再循环阀，防止汽包里的水经再循环管，从省煤器漏掉，只有炉水温度不超过 80℃，才可将炉水放掉。如果炉水温度较高，汽包里的水过早地从省煤器管漏完，因对流管或水冷壁管壁比汽包壁薄得多，管壁热容量小，冷却快，汽包壁热容量大，冷却慢，容易引起汽包胀口泄漏，或管子焊口出现较大的热应力。为了保护省煤器，停炉后可采取降低补给水流量，延长上水时间的方法使省煤器得到冷却。

5-124 A引风机出口挡板误关的现象是什么？如何处理？

现象：

(1) 炉膛负压变正压。

(2) A引风机出口挡板显示关闭状态，电流下降。

(3) 两台引风机动叶自动开大。

(4) A空气预热器出口烟气温度下降。

(5) 脱硫系统旁路挡板可能联锁开启。

处理：

(1) 手动停止一台上层磨煤机，快速减负荷至额定负荷的一半。

(2) 减小A引风机动叶开度。

(3) 降低总风量、氧量，防止B引风机过电流跳闸，维持炉膛压力正常。

(4) 检查A引风机出口挡板，如果短时间内无法恢复，解除A引风机停运联锁停止A送风机保护。

(5) 逐渐转移A引风机负荷，动叶关闭后停止A引风机，关闭其入口挡板。

(6) 检查并确认B引风机、送风机、一次风机电流、振动、温度正常，氧量、负压正常，根据氧量调整负荷。

(7) 检查并确认锅炉燃烧良好，火焰检测正常。

(8) 维持主、再热蒸汽温度正常，必要时手动调整水煤比和烟气调节挡板。

(9) 将A引风机出口挡板停电，联系检修人员处理。

5-125 A送风机出口挡板误关的现象是什么？如何处理？

现象：

(1) 炉膛压力低报警。

(2) 引风机动叶自动关小，电流减小。

(3) A送风机失速可能报警。

(4) 两台送风机动叶开大，送风机A电流、风量下降，B送风机电流增大，氧量减小。

(5) A送风机出口挡板显示关闭状态。

(6) 空气预热器A出口烟气温度上升。

(7) 脱硫系统旁路挡板可能联锁开启。

处理：

(1) 手动强制开启A送风机出口挡板，如果开启无效，应快速降低机组负荷至50%。

(2) 解除送风机动叶自动，开大B送风机动叶，确认B送风机电流不超限；关小A送风机动叶，消除风机失速信号。

(3) 检查并确认B送风机、引风机、一次风机电流、振动、温度正常，氧量、负压正常，根据氧量调整负荷。

(4) 检查并确认锅炉燃烧良好，火焰检测正常。

(5) 将A送风机出口挡板停电，手动摇开A送风机出口挡板。

(6) 维持主、再热蒸汽温度正常，必要时手动调整水煤比和烟气调节挡板。

5-126 空气预热器A一次风机出口挡板误关的现象是什么？如何处理？

现象：

(1) 空气预热器A一次风机出口挡板显示关闭，出口一次风温下降，出口烟气温度升高。

(2) 磨煤机出口温度和入口风量下降。

（3）一次风母管压力下降，一次风机出口压力上升。

处理：

（1）根据现象判断空气预热器A一次风机出口挡板关闭，适当降低一次风机出力。

（2）降低机组负荷及磨煤机出力，尽量维持磨煤机出口温度在正常范围内。

（3）加强对磨煤机运行的监视，调整一次风母管压力，炉膛压力正常。

（4）加强锅炉燃烧工况和火焰检测信号的监视。

（5）就地缓慢摇开空气预热器A一次风机出口挡板。

5-127　空气预热器入口烟气挡板误关的现象是什么？如何处理？

现象：

（1）炉膛冒正压。

（2）引风机调节挡板开大，电流增加。

（3）空气预热器进出口烟气温差、压差增大。

（4）空气预热器出口烟气温度降低，一、二次风温降低。

（5）空气预热器入口烟气挡板显示关闭。

处理：

（1）手动强制开启误关挡板，开启无效后迅速降负荷，减小送风量，防止引风机过电流。

（2）就地检查核对空气预热器入口烟气挡板，切断电源，就地手动摇开。

（3）调整引风机出力，维持炉膛压力。

（4）加强对空气预热器出口一、二次风温及锅炉燃烧工况和火焰检测信号的监视。

（5）维持主、再热蒸汽温度正常，必要时手动调整水煤比和烟气调节挡板。

5-128 空气预热器A一次风机出口挡板误关的现象是什么？如何处理？

现象：

（1）两台一次风机动叶自动开大，一次风母管压力下降，A一次风机电流下降，B一次风机电流上升，各台磨煤机风量下降。

（2）A一次风机可能失速报警。

（3）A一次风机出口挡板显示关闭。

（4）炉膛压力低可能报警。

（5）A空气预热器出口烟气温度上升。

处理：

（1）立即手动停止上层磨煤机，降低机组负荷至50%。

（2）关闭备用磨煤机通风，确认一次风母管压力回升。

（3）逐渐开大B一次风机动叶，把A一次风机动叶关至最小，消除风机失速报警信号。

（4）调整各磨煤机风量正常。

（5）就地检查核对A一次风机出口挡板状态，切断电源，手动摇开。

（6）检查并确认一次风机轴承振动、温度、电流正常，氧量、炉膛负压、一次风母管压力正常。

（7）检查并确认锅炉燃烧良好，火焰检测正常。

（8）维持主、再热蒸汽温度正常，必要时手动调整水煤比和烟气调节挡板。

5-129 主蒸汽管爆管的现象是什么？如何处理？

（1）现象。负荷下降，主蒸汽压力下降，主蒸汽流量下降，给水流量上升，给水流量大于蒸汽流量，厂房内听到刺耳声音。

（2）处理。如果给水流量明显大于蒸汽流量，且烟气温度及炉膛压力正常，引风机电流无明显增大，判断锅炉外漏，应立即降低机组负荷和压力，并在爆管周围设置警戒线，汇报值长，紧急停炉。

5-130　再热器减温水调节阀卡死（开大）故障应如何处理？

若再热器减温水调节阀不能关闭，温度快速下降，关其隔离阀，调整无效，关闭减温水手动阀。开大再热烟道调节挡板，提高再热蒸汽温度，密切关注再热蒸汽温度下降幅度和主机 TSI 参数，根据情况及时开启再热蒸汽管道疏水阀。如果温度下降达到紧急停机值，必须紧急停机。

5-131　空气预热器堵灰的现象是什么？如何处理？

现象：

(1) 引风机动叶开度增大，炉膛负压可能变正。

(2) 空气预热器排烟温度上升，一、二次风出口温度下降。

(3) 空气预热器压差上升。

(4) 堵灰严重可能引起风机失速。

(5) 堵灰严重的机组无法带负荷。

处理：

(1) 适当减负荷，关注各风机运行情况，氧量、负压正常。

(2) 投入空气预热器连续吹灰，保证吹灰蒸汽过热度满足要求。

(3) 机组尽量维持较高的负荷运行，保证空气预热器冷端综合温度正常。

(4) 监视空气预热器电流没有大幅度摆动，否则继续降低机组负荷。

(5) 冬季及时投入暖风器。

(6) 检查省煤器输灰是否正常。

(7) 利用停炉机会对空气预热器进行高压水冲洗。

5-132　引风机动叶卡死（关小）的现象是什么？如何处理？

现象：

(1) 炉膛压力高报警。

(2) 故障侧引风机动叶过力矩报警，电流下降；另外一侧引风机动叶开大，电流上升。

处理：

(1) 降低机组负荷。

(2) 密切监视炉膛压力及引风机运行情况，及时调整氧量及总风量。

(3) 将引风机动叶切至手动，来回开大或关小动叶开度活动动叶，如果卡涩消除，则将引风机投入自动。如果卡涩未消除，应就地手动摇动叶执行机构，消除故障。

(4) 经上述处理无效后，将故障引风机停运，通知检修人员处理。

(5) 运行人员做好单侧引风机运行事故预想。

5-133　引风机发生喘振的现象是什么？如何处理？

现象：

(1) 喘振报警信号发出。

(2) 炉膛负压波动大，火焰工业电视显示火焰大幅度晃动。

(3) 引风机静叶开大或关小，电流大幅度波动。

(4) 引风机振动增加，轴承温度上升。

(5) 锅炉总风量、氧量也随之波动。

(6) 引风机就地运行声音异常，振动加大。

处理：

(1) 引风机发生喘振，及时将风机自动切为手动控制，降低故障风机静叶开度，调整两台风机电流基本一致。

(2) 降低机组负荷，调整炉膛压力正常。

(3) 就地检查引风机静叶开度和调节机构，如果静叶卡涩，应立即手动摇动，消除故障。

(4) 脱硫系统增加增压风机出力。

（5）检查锅炉总风量、氧量、炉膛负压、燃烧及火焰检测信号正常。

（6）喘振消除后，缓慢调整两台引风机负荷平衡，恢复机组负荷。

5-134 锅炉炉底水封破坏的现象有哪些？

（1）炉膛负压突然变正，且长时间不恢复。

（2）引风机静叶开度及电流不正常地增大。

（3）减温水流量增大，主、再热蒸汽温度可能超限。

（4）排烟温度升高。

（5）炉底水封处可以看见炉膛明火。

5-135 旋流燃烧器个别燃烧不良的现象是什么？如何处理？

现象：

（1）炉膛压力波动，引风机静叶开度忽大忽小。

（2）对应火焰检测信号显示不稳或无火。

（3）火焰工业电视显示火焰闪烁。

（4）机组负荷可能下降。

处理：

（1）投入燃烧器对应油枪。

（2）检查磨煤机出口风温是否过低，风量是否过大，及时进行调整。

（3）检查磨煤机出口压力等参数是否正常，是否存在煤粉管堵塞现象。

（4）就地检查燃烧情况，投入油枪后检查是否存在漏油现象。

（5）检查总风量、氧量是否正常，特别是在低负荷时风量不应过大。

（6）磨煤机火焰检测达到保护动作值应及时停止磨煤机。

5-136 给煤机故障的现象是什么？如何处理？

现象：

（1）磨煤机出口温度上升。

（2）锅炉负荷或蒸汽压力下降。

（3）给煤机皮带可能不转动。

（4）给煤机清扫链可能停止。

（5）给煤机内堵煤严重，可能引起给煤机跳闸。

（6）给煤机电流升高或降低。

处理：

（1）若给煤机断煤，应立即敲打落煤管，启动疏松机或者空气炮。

（2）就地检查给煤机是否卡大块煤，必要时点动反转给煤机。

（3）根据情况适当降低机组负荷。

（4）若故障短时间无法恢复，应停运给煤机。

5-137 给煤机跳闸的现象是什么？如何处理？

现象：

（1）给煤机跳闸报警，磨煤机电流下降，出口温度上升。

（2）机组负荷可能下降，其他运行给煤机煤量上升。

（3）DCS上给煤机状态变黄。

（4）磨煤机热风调节挡板关闭，冷风调节挡板开大。

（5）主、再汽蒸汽温度波动。

处理：

（1）给煤机跳闸，迅速检查并确认其他运行给煤机煤量上升，同时把机组负荷降至煤量对应的允许值，检查并确认其他运行磨煤机/给煤机电流不超限，各运行参数正常。

（2）确认对应磨煤机热风调节挡板自动关闭，否则手动关闭；冷风调节挡板自动开大，磨煤机出口温度开始下降。

(3) 就地检查给煤机本体和开关。

(4) 根据跳闸原因决定是否再启动一次给煤机，或者停运磨煤机。

(5) 就地检查给煤机是否卡大块煤，必要时点动反转给煤机。

(6) 调整主、再热蒸汽温度正常。

5-138 煤仓下煤管堵塞的现象是什么？如何处理？

现象：

(1) 给煤机煤量反馈变小，对应磨煤机电流减小，磨煤机出口温度上升。

(2) 其他给煤机煤量增大，电流上升。

(3) 机组负荷下降。

(4) 主、再热蒸汽温度波动。

处理：

(1) 就地检查给煤机并敲打落煤管，启动疏松机或者空气炮。

(2) 迅速减负荷至煤量对应值，手动调节磨煤机冷、热风调节挡板，控制磨煤机出口温度在正常范围。

(3) 投运对应层油枪。

(4) 敲煤不通，关闭给煤机入口门，停运给煤机，磨煤机电流降至空载时停止运行。

(5) 调整主、再热蒸汽温度正常。

5-139 磨煤机热风门卡涩关小的现象是什么？如何处理？

现象：

(1) 磨煤机出口温度下降，风量下降。

(2) 磨煤机热风门指令/反馈不对应，偏差增大。

处理：

(1) 将磨煤机热风门自动切除，手动开大或者关小热风门活动。

(2) 降低给煤机煤量至最小，如磨煤机风量仍不能满足需求，停止磨煤机。

(3) 降低机组负荷至对应煤量值，确认其他磨煤机煤量自动增加。

(4) 检查并确认一次风机运行正常，一次风母管压力正常。

(5) 就地手动摇动热风门无效后通知检修人员处理。

5-140　磨煤机润滑油温度过低的现象是什么？如何处理？

现象：

(1) 磨煤机润滑油油温低报警，供油压力偏高。

(2) 磨煤机润滑油泵电流偏大，声音异常，油泵可能跳闸。

(3) 磨煤机轴承温度显示偏大，振动增大。

处理：

(1) 调节关小冷却水量。

(2) 投入电加热器。

5-141　磨煤机碾磨能力降低的现象是什么？如何处理？

现象：

(1) 机组负荷下降，各给煤机煤量指令上升。

(2) 磨煤机磨碗压差可能增大。

(3) 磨煤机电流增大或减小。

(4) 石子煤量增加或石子煤中原煤量大。

处理：

(1) 降低给煤机煤量，观察磨煤机电流、磨碗压差变化情况。

(2) 适当增大磨煤机的一次风量。

(3) 检查磨煤机本体运行情况，是否存在转动部位卡涩现象，电动机是否缺相运行。

(4) 检查个别磨辊是否停转。

(5) 检查磨煤机石子煤排量情况。

（6）检查磨煤机分离器折向门开度是否过小。

（7）根据总煤量，调整机组负荷。

（8）若石子煤排量太大或磨辊不转，停止磨煤机，磨煤机转入检修。

5-142　磨煤机出力降低的现象是什么？如何处理？

现象：

（1）磨煤机电流偏离正常值，可能增大或降低。

（2）磨煤机出口温度偏离正常值，可能增大或减小。

（3）磨碗压差偏离正常值，可能增大或减小。

（4）磨煤机风量可能减小。

处理：

（1）调整磨煤机出口分离器折向门开度，增加磨煤机出粉，降低磨碗压差。

（2）若给煤机原因导致进入磨煤机内的煤量减少，电流降低，出口温度升高，应增加给煤机煤量。

（3）增加磨煤机一次风量。

（4）若由于磨煤机堵煤，减小对应给煤机煤量。

（5）调整磨辊间隙。

（6）检查磨煤机电动机是否缺相。

5-143　磨煤机跳闸的现象是什么？如何处理？

现象：

（1）磨煤机跳闸报警。

（2）机组负荷下降，其他运行给煤机煤量增加。

（3）DCS 磨煤机状态变黄，热风调节阀和出口阀关闭。

（4）一次风母管压力增加。

（5）主、再热蒸汽温度波动。

处理：

（1）确认对应给煤机联跳。

（2）检查热风调节阀和出口阀自动关闭，否则手动关闭，磨煤机出口温度下降。

（3）检查其他运行给煤机煤量上升。

（4）降低机组负荷至煤量对应的允许负荷，检查其他运行磨煤机电流不超限，各运行参数正常。

（5）启动备用磨煤机，恢复机组负荷。

（6）检查磨煤机跳闸首出，确认磨煤机跳闸原因。

（7）检查磨煤机开关有无保护动作。

（8）若是磨煤机本身引起的故障，保持磨煤机冷风调节挡板在最小开度，对磨煤机进行通风冷却。

（9）关闭磨煤机密封风门，做好磨煤机隔离措施，交付检修人员处理。

5-144　风机振动的原因一般有哪些？

（1）基础或基座刚性不够或不牢固（如地脚螺栓松动等）。

（2）转轴窜动过大或联轴器连接松动。

（3）风机流量过小或吸入口流量不均匀。

（4）除尘器效率低，造成风机叶轮磨损或积灰，出现不平衡。

（5）轴承磨损或损坏。

（6）润滑油温度太低。

（7）空气预热器堵灰，引起风机喘振。

5-145　锅炉外界负荷骤减应如何处理？

（1）开启向空排汽阀。

（2）切除燃料自动，手动减少给煤量，必要时停止制粉系统运行。

（3）根据蒸汽温度情况，关小减温水阀。

（4）调整锅炉燃烧稳定。

（5）如锅炉蒸汽压力已超过安全阀动作压力而其拒动作时，

应手动紧急停炉。

5-146 在什么情况下，应停止磨煤机运行？

（1）分离器故障。

（2）磨煤机堵煤。

（3）磨煤机出口温度无法监视。

（4）磨煤机内部声音异常。

（5）磨煤机出口粉管堵塞。

（6）给煤机故障，短时间不能恢复运行。

（7）石子煤量太大。

5-147 在什么情况下，应紧急停止磨煤机？

（1）制粉系统爆炸危及人身安全。

（2）制粉系统着火。

（3）磨煤机轴承温度超过保护值。

（4）磨煤机润滑油中断。

（5）磨煤机本体发生剧烈振动，危及设备安全。

（6）磨煤机减速箱故障。

（7）给煤机皮带断裂。

（8）磨煤机电动机发生故障。

（9）锅炉灭火。

5-148 磨煤机粉管堵塞的原因是什么？如何预防？

堵塞原因：

（1）火嘴结焦堵塞。

（2）煤粉太重而一次风速过低。

（3）给粉机转速过高，下粉太多而未及时吹走。

（4）一次风压或风量过低。

（5）原煤水分大，磨煤机出口温度太低。

（6）煤粉管制造工艺差，管道内壁粗糙容易积粉。

(7) 磨煤机停运时没有对粉管进行充分吹扫。

(8) 安装等离子发生器的煤粉管道因等离子冷却水泄漏而堵塞。

预防措施：

(1) 根据给粉机转速及机组负荷及时调整相应的一次风压，保持各一次风速在 25～30m/s，一次风粉混合温度控制在 70～85℃。

(2) 磨煤机出口温度太低，应及时减少给煤量，增加磨煤机热风量。

(3) 磨煤机停运时应充分吹管，把煤粉管里的积粉吹走。

(4) 火嘴结焦或被杂物堵塞应设法清除。

(5) 利用检修机会更换不合格的煤粉管道。

(6) 定期检查等离子冷却水是否泄漏，若泄漏立即隔离处理。

5-149 引风机失速的原因有哪些?

(1) 增减负荷速度过快。

(2) 两台引风机静叶开度偏差大。

(3) 空气预热器堵灰严重。

(4) 锅炉水封破坏。

(5) 电除尘器内部积灰严重。

(6) 引风机并列操作不当。

(7) 两台引风机电流偏差大。

(8) 炉膛内燃烧工况不稳。

(9) 引风机静叶执行机构故障。

(10) 脱硫系统故障。

5-150 引风机失速应如何处理?

(1) 稳定机组负荷，将两台引风机出力调平。

(2) 当炉膛负压发生剧烈变化，两台引风机出力不平衡时，应立即解除引风机静叶自动，逐渐调平两台引风机出力，使得其远离不平衡点。

（3）若锅炉正在吹灰，应立刻停止吹灰。

（4）引风机发生失速后，应立即解除手动关小静叶，同时减小送风量。

（5）检查另一台引风机静叶自动开大，密切监视其振动和电流等运行参数，防止其过负荷。

（6）高负荷引风机失速时，适当降低机组负荷，将两台引风机缓慢并列。

（7）若锅炉水封破坏，应及时恢复水封。

（8）检查引风机静叶执行机构和脱硫系统，消除故障。

（9）根据空气预热器堵灰压差大小，限制机组负荷，尽早安排停炉，对空气预热器进行高压水冲洗。

5-151　如何预防引风机失速？

（1）并列运行的两侧引风机要同时调整，保持两侧出力平衡，使两侧引风机电流、出口风压尽量接近，避免风压突变或大幅度波动。

（2）正常运行中认真监视引风机电流，电流偏差大于 20A 时，应解除静叶自动，手动调整至电流平衡。

（3）高负荷煤质变差时，注意监视两台引风机的静叶开度，在保证燃烧的前提下，适当降低送风量。

（4）对引风机静叶执行机构进行定期检查，保证其调节灵活。

（5）定期对空气预热器和锅炉各受热面进行吹灰，保证吹灰质量，防止空气预热器、受热面及烟道堵灰。空气预热器出入口压差增大时，应增加吹灰次数。

（6）减小脱硫塔阻力，实时对除雾器进行冲洗。

5-152　引风机电流摆动大的处理方法有哪些？

（1）通过两台引风机电流、静叶开度、入口压力及炉膛负压的波动情况，综合判断是否两台引风机发生抢风现象。若两台引风机发生抢风现象，应将两台引风机静叶解除自动，通过手动进行调节，处理过程中注意炉膛负压及风机各参数，抢风现象消除后再投入炉膛负压自动。

（2）若引风机运行正常且各参数均稳定，引风机电流、静叶开度、入口压力小幅度波动，可通过设置值引风机静叶偏置值进行调整。

（3）若引风机发生失速现象，应立即将其静叶自动解除，手动关小静叶，降低机组负荷，同时注意另一台引风机参数，防止其过负荷现象，待失速现象消除后，再将其并入运行。

（4）处理过程中若发生燃烧不稳，火焰摆动，应及时投油稳燃。

（5）检查送风机、一次风机运行情况及空气预热器前后压差，分析是否由于设备故障或空气预热器堵灰所引起。

5-153　送风机喘振的原因有哪些？

（1）快速增减负荷。

（2）负荷高，煤质差，送风机动叶开度过大。

（3）空气预热器严重堵灰。

（4）暖风器严重堵塞。

（5）送风机入口滤网堵塞。

（6）风机并列操作不当。

（7）多数二次风门突然关闭。

（8）两台送风机电流偏差大。

（9）炉膛内燃烧工况严重恶化。

（10）送风机动叶执行机构故障。

5-154　送风机喘振的现象是什么？

（1）炉膛负压波动。

（2）汽包水位波动剧烈。

（3）风量大幅度波动，燃烧不稳，燃烧恶化。

（4）严重时会引起锅炉 MFT。

（5）送风机本体振动加剧，严重时造成设备损坏。

5-155 送风机喘振应如何处理？

（1）送风机发生喘振时，DCS 发出喘振报警，应立即手动解除喘振风机自动，手动减小喘振风机动叶开度，同时检查另一台送风机动叶自动开大，密切监视振动和电流等运行参数防止其过负荷，必要时切手动操作。

（2）负荷较高且送风机喘振严重时，降低机组负荷在一台送风机能够承受的范围内，调节送风量，防止送风量低灭火。

（3）密切关注炉膛压力、汽包水位、主蒸汽压力和总风量的变化。

（4）适当降低二次风与炉膛压差，开大二次风门，增大风量，同时减小二次风压，使得运行风机远离临界点。

（5）做好送风机跳闸的事故预想。

（6）就地检查喘振送风机振动情况，查清喘振原因。

（7）待喘振消除后，将喘振送风机动叶缓慢开大，密切监视其电流和出口压力，同时关小另一台送风机动叶开度，直到两台送风机出力平衡后投入送风机自动。

（8）若由于空气预热器堵灰引起送风机喘振，应降低机组负荷，调节总风量，维持炉膛负压稳定，消除喘振。

5-156 风机动叶开度两侧偏差大的原因有哪些？

（1）风机出力不一致，发生抢风、失速或喘振现象。

（2）自动调节特性不好。

（3）两台送风机偏置设定值错误。

（4）动叶调节机构故障。

（5）动叶开度零位校对有误。

5-157 风机动叶开度两侧偏差大应如何处理?

(1) 若两台风机电流一致，动叶开度偏差较大，负荷低谷时重新校对动叶零位。

(2) 就地检查风机动叶，若动叶调节机构脱开，立即降低负荷至一半，停止故障风机运行，通知检修人员处理。

(3) 若两台风机电流也存在较大偏差，检查两台空气预热器进出口压差是否增加，逐渐开大或关小两台风机动叶开度直至电流相同，调整中应保证炉膛负压稳定。

(4) 若风机自动调节特性不好，应稳定机组负荷，解除两台风机动叶自动，通知热工人员处理。

(5) 检查两台风机偏置设定值，若偏置设定值大且电流偏差较大，应缓慢改变偏置设定值，将电流偏差调至最小。

(6) 负荷降低造成风机动叶开度过小，而两台风机发生抢风或喘振时，应重新将两台风机并入运行。

(7) 如果单侧风机跳闸，则按甩负荷处理。

5-158 风机油站滤网压差高报警应如何处理?

(1) 检查风机润滑油流量低或压力低信号是否报警，若报警，备用泵应联锁启动，否则手动启动。

(2) 检查是否因油温低油质变黏稠造成滤网压差高，油温低于10℃时，电加热器应联锁启动。

(3) 派人就地检查滤网压差，若压差高，应及时切换滤网，切换前先将备用滤网注满油，防止风机断油。切换完毕报警消失后，联系检修人员清理压差高滤网，切换过程中密切监视风机轴承温度。

(4) 处理过程中若风机轴承温度异常升高，应立即汇报值长，降低机组负荷，必要时停止该风机运行，并注意另一台风机运行是否正常，防止其过电流。

5-159 风机油站压力低的原因有哪些?

（1）压力卸载阀故障。

（2）油过滤器堵塞。

（3）压力管路泄漏。

（4）备用油泵出口止回阀不严密。

（5）油泵吸入口漏空气。

（6）油温过高。

（7）轴承油挡漏油。

（8）油箱油位低。

（9）运行油泵故障跳闸，备用油泵未联锁启动。

5-160　风机油站供油压力低应如何处理？

（1）首先检查备用油泵是否联锁启动，若未联锁启动，应手动启动备用油泵。

（2）若就地有泄漏点且备用油泵联锁启动，应停止备用油泵，保留一台油泵运行，防止油站泄漏加剧，引起油站油位过低，造成风机断油事故。如果漏油不能处理，应及时停止风机，待风机惰走结束后，停止油泵，处理漏点。

（3）如果备用油泵倒转，说明备用油泵出口止回阀不严；如果供油压力不能维持正常运行需要，则启动备用油泵切换油泵；如果供油压力能维持正常运行需要，则通知检修人员处理。

（4）若风机油站滤网压差高，应及时切换滤网，并通知检修人员清理滤网。

（5）油泵切换过程中造成供油压力低，可能是运行油泵入口漏空气，此时应启动备用油泵，打开原运行泵排空门，排净空气。

（6）若油箱油温高，应检查冷却水系统是否运行正常。

（7）如果油箱油位过低，则通知检修人员补油。

（8）检查油箱压力卸载阀是否误动。

5-161　密封风机出口压力下降的原因是什么？

（1）密封风压力测点故障。

（2）密封风机入口滤网堵塞。

（3）密封风机入口调节挡板故障。

（4）密封风机出入口挡板误关。

（5）备用密封风机出口止回阀卡涩未全关。

（6）一次风系统压力降低。

（7）备用磨煤机密封风门开启。

5-162　密封风机出口压力下降应如何处理？

（1）检查一次风与密封风压差，防止磨煤机密封风压差低跳闸。

（2）如果压力测点故障，则通知热工人员解除密封风压力低保护，尽快处理测点。

（3）如入口滤网堵塞引起风机出口压力下降，应及时切换密封风机并通知检修人员清理滤网。

（4）就地派人检查风机出入口挡板状态，若误关，则立即打开。

（5）若密封风用量大，可关闭备用磨煤机密封风门。

（6）检查备用密封风机出口止回阀是否卡涩，若卡涩未全关，应联系检修人员处理。

（7）若一次风系统压力低，应尽快恢复一次风压力正常。

（8）若密封风机出入口压差低，备用密封风机应联锁启动，否则手动启动。

（9）若调节挡板执行机构脱开或是调节阀本身问题等，应启动备用密封风机，停止故障风机。

5-163　空气预热器主电动机显示运行而就地停转的原因有哪些？如何处理？

原因：

（1）主电动机联轴器内定位键脱落。

（2）空气预热器减速装置损坏。

（3）空气预热器卡死，但未达到跳闸值或保护拒动作。

（4）空气预热器主电动机在试验位。

处理：

（1）及时切至辅助电动机运行，观察烟气温度及风温的变化情况。

（2）若辅助电动机运行，空气预热器仍未转，则申请降负荷至300MW，停止故障空气预热器，同时关闭出入口挡板。

（3）投入气动电动机，若仍不转，则立即通知机务手动盘车。

5-164 空气预热器堵灰的原因有哪些？

（1）冷态启动时，煤、油混燃，燃烧产物板结在受热面上或燃烧不充分。

（2）锅炉运行期间，未按规定进行空气预热器吹灰。

（3）锅炉暖风器泄漏，大量汽水进入空气预热器。

（4）空气预热器吹灰蒸汽参数未达到规定值。

（5）省煤器输灰不畅，大量飞灰转移到下游空气预热器处。

（6）长期燃用高硫煤种。

（7）冷端综合温度未达到要求值。

（8）空气预热器水冲洗后未彻底烘干。

5-165 火焰检测冷却风机压力低的原因有哪些？如何处理？

原因：

（1）风机或电动机故障跳闸。

（2）风机滤网堵塞。

（3）电气开关保护误动作。

（4）风压测点故障。

处理：

（1）发生火焰检测冷却风机压力低时，检查备用火焰检测冷却风机联锁启动，否则手动启动。

（2）若由于火焰检测冷却风机入口滤网堵塞，应联系检修人员清理滤网。

（3）若由于风机压力测点故障引起，应通知热工人员及时处理。

（4）若火焰检测冷却风机有备用风源，必要时应进行风源切换工作。

5-166　锅炉主给水调节阀阀杆脱落的现象是什么？如何处理？

现象：

（1）主给水调节阀前后压差增加，给水泵出力增加。

（2）给水流量突降，汽包水位下降，除氧器水位升高，除氧器上水调节阀关小。

（3）给水泵入口流量减小，再循环调节阀可能打开。

（4）给水母管压力升高，过热器减温水压差升高，减温水流量增加，主蒸汽温度下降。

处理：

（1）立即快开给水旁路调节阀，解除汽包水位及给水泵自动，关闭再循环阀，手动调节汽包水位。

（2）降低机组负荷，使之与给水流量相适应。

（3）调节主、再热蒸汽温度在正常范围内。

（4）若汽包水位降至约－300mm 时，注意炉水循环泵出入口压差，必要时手动停止一台泵，防止炉水循环泵全部跳闸，锅炉 MFT。

（5）及时联系检修人员处理。

5-167　额定负荷下煤质由劣变好的现象是什么？如何处理？

现象：

（1）总煤量减少。

（2）主蒸汽压力升高，PCV 阀可能动作，汽包水位大幅度波动。

（3）负荷上升，汽轮机调节阀关小。

（4）主、再热蒸汽温度升高，相应减温水量增加。

处理：

（1）降低主蒸汽压力设定值。

（2）若主蒸汽压力上升较快且有可能使 PCV 阀动作，应解除 AGC，将 CCS 切为 TF 方式，手动减少给煤量，或者停止一台磨煤机。

（3）若 PCV 阀动作，解除汽包水位及给水泵自动，手动调节汽包水位；若触发 MFT 且汽轮机未跳闸，按停炉不停机处理。

（4）调整主、再热蒸汽温度正常。

（5）监视和调整磨煤机出口温度为 75～80℃。

5-168　锅炉炉前燃油泄漏的现象有哪些？

（1）供油压力下降或波动。

（2）油系统正常循环时，回油调节阀开度减小。

（3）机组运行时，燃油母管压力过低触发 OFT。

（4）炉前燃油供、回油流量计显示供油流量大于回油流量。

（5）如果燃油大量泄漏，燃油管道会发出异常声音，燃油泵联锁启动。

（6）锅炉厂房内有明显的燃油气味。

5-169　锅炉炉前燃油泄漏的原因有哪些？如何处理？

原因：

（1）燃油系统注油时未排空，造成管道振动。

（2）炉前燃油循环隔离时未采取泄压措施，附近有热体使燃油膨胀，造成燃油系统超压。

（3）燃油系统软管老化或接头处不严，在投油时造成燃油外漏。

(4) 燃油吹扫止回阀不严，造成蒸汽进油，管道剧烈振动。

(5) 燃油系统各法兰垫片使用不符合规范，造成漏油。

(6) 人员误开燃油管道放油门。

处理：

(1) 如果发生燃油泄漏，应立即采取隔离措施，查明漏点，予以消除。

(2) 如果燃油泄漏引起火灾且危及人身、设备安全，应紧急停炉。

(3) 燃油系统着火时，停运着火区域非必须带电设备，切断其电源，启动消防喷淋装置，并用干砂覆盖地面积油。

(4) 泄漏着火后在着火区域设置警戒线，并挂醒目的标示牌，有组织地进行灭火，严禁无关人员进入。

(5) 检修燃油泄漏故障点时，要严格执行燃油系统动火管理规定。

5-170　锅炉压缩空气压力异常降低的原因有哪些？

(1) 空气压缩机跳闸。

(2) 空气压缩机运行中不加载，频繁卸载。

(3) 空气压缩机冷却水中断，运行不正常。

(4) 空气压缩机干燥器故障。

(5) 压缩空气管路严重泄漏。

(6) 压缩空气用气量突然增大。

5-171　磨煤机润滑油油压过低的原因有哪些？如何处理？

(1) 磨煤机润滑油泵电动机故障，切换备用泵。

(2) 油箱油位过低，及时补油。

(3) 润滑油滤网堵塞，切换滤网并清理。

(4) 冷油器漏油或排污门误开，切换冷油器或关闭排污门。

5-172　如何判断安全阀是否漏汽？

（1）听声音。安全阀漏汽一般伴有较大的节流声。

（2）测温度。安全阀漏汽后阀后管道温度明显升高。

5-173　锅炉炉膛负压波动大的原因是什么?

（1）送风机动叶卡涩。

（2）引风机静叶卡涩或执行机构连杆脱落。

（3）风机喘振。

（4）炉膛负压自动调节不好。

（5）增减煤量过快。

（6）燃烧不稳定。

（7）四管泄漏。

（8）炉膛结焦掉渣。

（9）脱硫增压风机故障。

（10）空气预热器堵灰严重。

5-174　锅炉炉膛负压波动大应如何处理?

（1）若为引风机系统故障，立即解除两台引风机静叶自动，手动调节两台引风机出力，稳定炉膛负压。

（2）若为送风机系统故障，立即解除两台送风机动叶自动，手动调节两台送风机出力，稳定风量。

（3）若风机喘振，则按喘振处理。

（4）如果炉膛燃烧不稳定，应及时投油稳燃，检查煤质是否变差，保持合适的风粉比，检查二次风配风是否合适，是否稳定燃烧。

（5）若为四管泄漏引起，应降低机组负荷和压力，申请停炉；泄漏严重，立即停炉。

（6）通知热工人员检查炉膛负压自动调节特性。

（7）若为脱硫增压风机故障引起，应解除炉膛负压自动，手动调整。

（8）减小负荷升降速率。

（9）炉膛负压调整稳定后，通知检修人员处理故障。

第六章

直 流 锅 炉

6-1　直流锅炉的工作原理是什么?

直流锅炉没有汽包，整个锅炉是由许多并联管子用联箱连接串联而成的，在给水泵的压头作用下，工质按序一次通过加热、蒸发和过热受热面产生蒸汽。由于直流锅炉没有汽包，因此其加热、蒸发和过热三个区间没有固定的分界点。

6-2　直流锅炉启动前为什么要进行循环清洗？如何进行循环清洗?

直流锅炉运行时没有排污，给水中的杂质除少部分随蒸汽带出外，其余将沉积在受热面上。机组停运后，受热面内部还会因腐蚀而生成少量氧化铁，为清除这些污垢，直流锅炉在点火前要用温度约为100℃（清洗温度根据制造厂而定）的除盐水进行循环清洗。

进行循环清洗时，应首先清洗给水泵前的低压系统，清洗流程为：凝汽器→凝结水泵→除盐装置→轴封加热器→低压加热器→除氧器→凝汽器。当水质合格后，再清洗高压系统，其清洗流程为：凝汽器→凝结水泵→除盐装置→轴封加热器→低压加热器→除氧器→给水泵→高压加热器→锅炉→启动分离器→凝汽器。

6-3　何谓直流锅炉蒸发管脉动现象？产生脉动的外因和内因是什么?

脉动现象是指直流锅炉蒸发受热面中流量随时间发生周期性变化的现象。产生脉动的外因是蒸发开始区段热负荷突变扰动，产生脉动的内因则是工质和金属的蓄热量周期性的吸收和放出。

6-4　提高直流锅炉水动力稳定性的方法有哪些?

（1）提高质量流速。

（2）提高启动压力。

（3）采用节流圈。

（4）减小入口工质欠焓。

（5）减小热偏差。

（6）控制下辐射区水冷壁出口温度。

（7）采用螺旋管圈水冷壁。

6-5 直流锅炉蒸发管脉动有何危害？

（1）在加热、蒸发和过热段的交界处，交替接触不同状态的工质，且这些工质的流量周期性变化，使管壁温度发生周期变化，引起管子的疲劳损坏。

（2）由于过热段长度周期性变化，出口蒸汽温度也会相应变化，蒸汽温度极难控制，甚至出现管壁超温现象。

（3）脉动严重时，由于受工质脉动性流动的冲击力和工质比体积变化引起的局部压力周期性变化的作用，易引起管屏机械振动，从而损坏管屏。

6-6 什么是直流锅炉的热膨胀？

直流锅炉启动时必须在蒸发段建立启动流量和启动压力。

（1）点火后，直流锅炉蒸发段工质的温度逐渐升高，达到饱和温度后开始汽化，工质比体积突然增大很多，汽化点后的水被迅速推出进入分离器，此时分离器水位迅速升高，分离器排水量远大于给水量，这种现象称为直流锅炉启动过程中的热膨胀现象。

（2）自然循环锅炉也有工质的膨胀，但由于汽包的作用，膨胀时只引起汽包水位的升高，因此，在锅炉点火前汽包水位应维持较低一些，以防满水。直流锅炉在启动过程中，如果对工质膨胀过程控制不当，将会引起启动分离器满水。

6-7 直流锅炉启动分离器的工作原理是什么？

启动分离器为圆形筒体结构，直立式布置，内设有阻水装置和消旋器。分离器的分离原理为：蒸汽由周向的引入管进入分离器，由于引入管成切向布置，因此蒸汽在分离器中高速旋转，水滴因所受离心力大被甩向分离器内壁流下，经底部的轴向引出管引出，饱和蒸汽则由顶部的引出管引出。该结构形式的分离器除有利于汽水的有效分离，防止发生分离器蒸汽带水现象以外，还有利于度过汽水膨胀期。

6-8 炉水循环泵的主要作用是什么？

炉水循环泵是设在锅炉蒸发系统中承受高温高压使工质做强制流动的一种大流量、低扬程单级离心泵，一般用于强制循环汽包锅炉和直流锅炉的启动系统中。

6-9 什么是第一类传热恶化？

由于外界热负荷非常大，壁面产生汽泡的频率大于汽泡离开壁面的频率，则使壁面产生汽泡来不及离开壁面，而在管壁内产生汽膜（汽泡由于来不及离开壁面，而积聚在管内壁上），使管壁温度急剧升高，从而产生传热恶化，这种现象称为第一类传热恶化，也称为膜态沸腾，该类传热恶化由于热负荷很大，因此使管壁温度很高，导致爆管。该类传热恶化一般发生在汽泡状流动结构上，如果热负荷极高，也有可能在过冷沸腾区产生膜态沸腾。

6-10 什么是第二类传热恶化？

第二类传热恶化发生在环状流动的末端，由于水膜被撕破或被“蒸干”，出现管壁温度升高、传热恶化、放热系数急剧下降，但其壁温的突升值不像第一类传热恶化（膜态沸腾）时那样高，放热方式也为强迫对流，由于工质流速大（含汽率增大），又有水滴可能撞击和冷却管壁，因此放热系数比膜态沸腾时高。如果热负荷还不太高，从传热观点来看，会产生传热恶化，但从壁温来看不一定超过允许值。只有当热负荷（或局部热负荷）高时，壁温才超过允许极限值而使管子烧损。

6-11 什么是超临界锅炉的类膜态沸腾？

水在临界压力 22.1MPa 加热到 374.15℃时即被全部汽化，水变成蒸汽不需要汽化潜热，即水没有蒸发现象就变成蒸汽，该温度称为临界温度，或称为相变点温度。在相变点温度附近存在一个最大比热容区，在该区内工质物性发生突变：紧靠管壁的工质密度有可能比流动在管中心的工质密度小得多，即在流动截面中存在着工质的不均匀性。当受热面热负荷高到某一数值时，在紧贴壁面的地方可能造成传热恶化，传热系数会急剧下降，管壁温度剧烈升高，会出现类似亚临界膜态沸腾的现象，称为类膜态沸腾。

6-12　扩容式启动系统主要由哪些设备组成？

扩容式启动系统主要由炉水回收泵、汽水分离器、储水罐、水位控制阀、截止阀、连接管道及附件等组成。

6-13　再循环泵式启动系统主要由哪些设备组成？

再循环泵式启动系统主要由炉水回收泵、汽水分离器、储水罐、再循环泵、水位控制阀、截止阀、连接管道及附件等组成。

6-14　炉水循环泵启动前的检查项目有哪些？

（1）检查并确认水泵电动机符合启动条件，绕组绝缘合格，接线盒封闭严密，事故按钮已释放且动作良好。

（2）关闭出入口阀。

（3）关闭电动机下部注水门并做好防误开措施，关闭泵出口管路放水阀。

（4）打开低压冷却水阀，检查水量是否充足。

（5）检查汽水分离器水位是否符合启动泵的条件，打开入口阀给泵体灌水。

6-15　炉水循环泵的运行检查及维护项目有哪些？

（1）检查水泵运行稳定有无异常，各接合面有无渗漏。

（2）高压冷却水温不大于45℃，低压冷却水量充足，电动机绕组温度不大于55℃。

（3）炉水循环泵出入口压差正常。

（4）电动机接线盒密封良好，无汽水侵蚀现象。

（5）泵自由膨胀空间充足。

（6）备用泵处于良好备用状态。

（7）炉水循环泵电动机电流小于额定值。

6-16　内、外置式汽水分离器有什么不同？

（1）内置式汽水分离器在启动完毕后并不从系统中切除，而是串联在锅炉汽水流程里作为一个蒸汽联箱和通道使用，因而它的工作参数（压力、温度）要求高，故其承压、承温等级高，制造材质较好，但是内置式启动分离器的控制阀门可以简化，湿干态转换方便。

（2）外置式汽水分离器启动后与系统分开，其工作参数可以较低，但其对控制阀门要求较高，湿干态切换复杂。

6-17　直流锅炉热应力集中的部位在哪些结构上？

（1）启动分离器。所受温度并不是很高，但金属壁最厚。

（2）受热温度较高的末级过热器出口联箱。

6-18　水蒸气在超临界压力下有什么特性？

随着压力升高，水的饱和温度相应增加，汽化潜热却随之减小，饱和水与饱和蒸汽的重力密度差也随之减小。超临界压力下，当水被加热到相应压力下的相变点温度时即全部汽化，汽化潜热等于零，重力密度差也等于零。因此，超临界压力下水变成蒸汽不再存在两相区，由水变成过热蒸汽经历了两个阶段，即加热和过热。而工质状态由未饱和水→干饱和蒸汽→过热蒸汽。

6-19　什么是水动力特性？

水动力特性是指在一定热负荷条件下，工质流量与压降的关系。

6-20 带大气式扩容器及冷凝水箱的启动疏水系统的优缺点是什么？

（1）优点：对凝汽器设计无特殊要求，而直接疏水至凝汽器的系统需要考虑接受锅炉启动疏水的问题。

（2）缺点：系统复杂、设备多、初投资有所增加，厂用电耗有所增加。

6-21 炉水循环泵保护动作跳闸的条件是什么？

（1）电动机腔体温度大于65℃。

（2）出入口压差小于69kPa。

（3）电动机保护动作。

（4）储水箱水位≤0.5m。

（5）循环泵运行时出口阀全关。

6-22 炉水循环泵电动机腔室温度高的原因是什么？

（1）低压冷却水量不足或中断。

（2）低压冷却水温度高。

（3）高压冷却水系统泄漏。

（4）电动机冷却水系统泄漏。

（5）外置冷却器结垢。

（6）电动机下部注水门误开。

6-23 锅炉循环泵过冷水管路的作用是什么？

锅炉循环泵过冷水管路为省煤器入口到循环泵入口管道的冷却水连接管，流量为泵流量的1％～2％，防止机组在快速降负荷时，再循环泵进口循环水发生闪蒸而引起循环泵的汽蚀。

6-24 锅炉循环泵旁路管的作用是什么？

循环泵出口到储水箱最小流量旁路管的作用是保证在锅炉低循环流量时，循环泵可维持最低安全流量。

6-25 直流锅炉大气扩容器的作用是什么？

直流锅炉大气扩容器的作用是，用于承接储水箱在高水位与高高水位时的疏水，热备用状态时的少量疏水，部分负荷运行时一旦储水箱出现高水位时的疏水，以及过热器、再热器、省煤器、水冷壁、吹灰器和排空气系统等的疏水，其容积应满足启动前冷态、温态大流量水冲洗和启动初期水冷壁出现汽水膨胀时分离器系统大流量疏水的需要。

6-26 直流锅炉热备用暖管的作用是什么？

热备用暖管的作用是，当锅炉转入直流运行后，有少量省煤器出口炉水至通往大气扩容器的管道，以使管道保持在热备用状态下。

6-27 为什么超临界锅炉整个水冷壁不需要设计成螺旋管圈？

整个锅炉水冷壁不需要都设计成螺旋盘绕式，因为炉膛上部已离开高热负荷区域，垂直管内的质量流速已足以冷却管壁，所以螺旋管圈在折焰角上方转换成垂直管屏，上部水冷壁设计成结构较为简单的垂直管式，不仅经济而且便于水冷壁的悬吊。

6-28 超临界锅炉水冷壁螺旋管圈向垂直管屏过渡设置中间混合联箱有什么作用？

螺旋管圈向垂直管屏过渡设置中间混合联箱有减小螺旋管圈热偏差的作用，而且汽水两相的分配也比分叉管有保障。当锅炉在临界压力以上工作时，中间混合联箱仅起工质流量的分配作用；当锅炉在临界压力以下工作时，中间混合联箱内的工质将为汽水两相混合物，中间混合联箱担负着流量分配和汽水两相均匀分配的双重任务。为了使锅炉在临界压力以下工作时汽水两相的均匀分配，中间混合联箱上的引进、引出管座成对称布置，引入管在联箱顶部进入，引出管在联箱两侧成 45°夹角引出。

6-29 为什么采用内螺纹管能抵抗膜态沸腾、推迟传热恶化？

由于工质受到螺纹的作用产生旋转，增强了管子内壁面附近的扰动，使水冷壁管内壁面上产生的汽泡可以被旋转向上运动的液体及时带走。水流受到旋转力的作用，紧贴内螺纹槽壁面流动，从而避免了汽泡在管子内壁面上的积聚所形成的"汽膜"，保证了管子内壁面上有连续的水流冷却。

6-30 超临界锅炉蒸发受热面防止超温的措施有哪些？

（1）采用内螺纹管或交叉来复线管。

（2）加装扰流子。

（3）提高工质质量流速。

（4）将发生传热恶化的区域布置在热负荷较低的炉膛上部等区域。

（5）当锅炉进入纯直流运行状态后，防止中间点温度超过允许值。

（6）防止水冷壁发生类膜态沸腾及过热。控制水冷壁中工质温度，可以防止超临界压力时的类膜态沸腾和管壁过热超温。

6-31 超临界压力下工质的大比热容区有哪些特性？

（1）超临界压力下，对应一定的压力，工质存在一个大比热容区。

（2）对应比热容最大值的温度称为拟临界温度。

（3）工质温度低于拟临界温度时，工质为水。

（4）工质温度高于拟临界温度时，工质为汽。

（5）工质最大比热容对应的拟临界温度点称为相变点。

（6）水的比热容随着温度的升高而增加。

（7）蒸汽的比热容随着温度的升高而减小。

6-32 直流锅炉汽水分离器的主要作用是什么?

(1) 组成循环回路，建立启动流量。

(2) 实现汽水混合物的两相分离，使蒸汽进入过热器系统，水再回到水冷壁循环加热。

(3) 在机组启动时形成类似于汽包锅炉的可固定蒸发点，方便运行控制。

(4) 在直流运行工况时，作为中间点，便于过热蒸汽温度的控制。

6-33 直流锅炉水动力不稳定是如何产生的?

亚临界直流锅炉和超临界压力直流锅炉低负荷变压运行时，水冷壁内工质处于两相流动状态。随着蒸汽份额的增大，水冷壁管内加速，压降增大，重位压降减小，流动阻力的变化不确定。当汽相份额增大时，汽水混合物流速增大，动压头增大，流动阻力增大；但是汽水混合物密度减小，使得流动阻力减小，综合影响使流量和压差的关系呈现三次方曲线的趋势，出现了水动力不稳定现象。

6-34 直流锅炉节流圈孔径的大小对水动力特性有何影响?

直流锅炉节流圈孔径的大小对水动力特性的影响不同，孔径越小，阻力越大，加热区段越短，水动力特性越稳定。

6-35 直流锅炉脉动可分为哪几种?

直流锅炉脉动有三种：管间脉动、屏间脉动和全炉整体脉动。

(1) 管屏两端压差相同，在给水量和出流量的总量基本不变的情况下，管屏里的管子流量随时间做周期性波动，这种现象称为管间脉动。

(2) 屏间脉动是在一个管屏与另一个管屏之间发生的脉动。

(3) 全炉整体脉动是指整个锅炉或个别部件受热面中工质流

量的脉动。

6-36　直流锅炉全炉整体脉动与给水泵有什么关系？

直流锅炉全炉整体脉动与给水泵的性能有关。当泵的流量—扬程性能曲线平缓时，微小的压力波动会引起流量的大幅度变化，很容易发生全炉整体脉动。若泵的流量—扬程性能曲线比较陡峭，压力波动引起流量的变化小，发生全炉整体脉动可能性也就变小。因此，对于离心泵，只要具有陡峭的性能曲线，并在最大连续蒸发量时，仍有足够幅度的剩余压头，就能消除全炉整体脉动。

6-37　超临界机组滑压运行至亚临界状态时，水动力工况会出现哪些问题？

超临界机组滑压运行至亚临界状态时，水动力工况包括流量多值性、流动不稳定性、可能产生膜态沸腾和存在两相流体的混合和分配四个问题。

6-38　为什么螺旋管圈水冷壁能适应变压运行的要求？

由于螺旋管圈容易保证低负荷时的质量流速，工质从螺旋管圈进入中间混合联箱时的干度已足够高，容易解决进入垂直管屏时汽水分配不均的问题，因此螺旋管圈可以更好地适应变压运行的要求。

6-39　为什么水冷壁采用内螺纹管能减小阻力？

水冷壁采用内螺纹管后，当流经管子的质量流速较低时，也可以达到较高的传热系数，由于其管内水速低，可以降低水冷壁的压降。在同样的热负荷条件下，内螺纹管只需要很低的质量流速就可以获得良好的传热特性。

6-40　直流锅炉装设中间联箱和混合器为什么可以减小热偏差？

直流锅炉装设中间联箱和混合器后，工质在进入中间联箱后进行充分混合，消除了上一级的热偏差，然后再进入下一级受热面，可以使总的热偏差减小。

6-41　超临界直流锅炉水冷壁通常采用什么结构？

为了在水冷壁顶部采用结构上成熟的悬吊结构，超临界直流锅炉通常采用下炉膛为螺旋管圈水冷壁，上炉膛为垂直管圈水冷壁的组合方式。

6-42　超临界直流锅炉启动或低负荷运行时，为什么水冷壁管间的温差显著增大？

超临界直流锅炉启动或低负荷运行时，压力仅为8～12MPa，蒸发区段内蒸汽和水的比体积差很大，水冷壁入口水的比体积则变化很小，导致节流孔圈阻力在回路总阻力中所占的比例显著下降，节流孔控制能力下降，使各水冷壁管间的流量偏差增大，因此水冷壁管间的温差也显著增大。

6-43　超临界锅炉水冷壁从开始点火到满负荷运行需要经历哪几个阶段？各有何特点？

超临界锅炉水冷壁从开始点火到满负荷运行需要经历三个阶段，即启动低负荷阶段、亚临界直流运行阶段和超临界直流运行阶段。

启动低负荷阶段是指自点火到最低直流负荷的强制循环，大多数超临界和超超临界锅炉均装设启动循环泵，在启动阶段，水冷壁按强制循环模式运行，此阶段中水冷壁的安全性主要是保证水动力稳定性和控制水冷壁管之间的温度偏差。

亚临界直流运行阶段的安全性为避免干度区的膜态沸腾和控制近临界高干度区的干涸。

超临界直流运行阶段的运行特点为控制壁温在选定材料的许可范围内防止出现所谓的“类膜态沸腾”壁温的骤升。

6-44　超临界直流锅炉水冷壁出口过热度应如何选取？

直流锅炉的蒸发受热面和过热器受热面之间没有固定的分

界，确定合理的水冷壁出口工质过热度非常重要。在额定负荷下，水冷壁出口温度的选取取决于汽水分离器的设计温度和水冷壁管材的使用温度，水冷壁出口温度选取过高将造成分离器材质和壁厚增加。由于在最低直流负荷下水冷壁出口工质仍需要有一定的过热度，因此水冷壁出口温度过低会造成本生点提高及过热器带水。

6-45　如何确定超临界直流锅炉水冷壁入口欠焓？

对于变压运行的直流锅炉，必须控制水冷壁入口工质的过冷度，保证水冷壁进口水有一定的欠焓，以避免工质汽化引起水冷壁传热工况恶化。但水冷壁入口工质的欠焓也不能过大，以免影响水冷壁的水动力稳定性。

锅炉变负荷运行时，负荷发生大的变化而没有任何的负荷维持，但由于延迟效应的影响，低负荷时省煤器出口温度仍将会近似保持为一个常数，即高负荷状态下的高出口温度，因此可能发生汽化现象。为防止这一现象的发生，总体布置时需调整省煤器受热面，控制额定负荷下省煤器出口温度。另外，在连续低负荷运行时，提高主蒸汽的压力，使得最低压力下连续运行时饱和水的焓值高于在额定负荷下省煤器出口给水的焓值。

6-46　对于超临界直流锅炉水冷壁在接近临界区域的传热特性是什么？在亚临界区域的传热特性是什么？

在接近临界区域，即相变点附近存在一个最大比热容区，由于工质的物性急剧变化，容易引起水动力不稳定，必须避免在高热负荷区发生类膜态沸腾。

在亚临界区域，水冷壁管内为两相流，其传热和流动特性不同于单相流动。此时，对下炉膛高热负荷区域的水冷壁，要防止膜态沸腾的发生，上炉膛区域则重点要控制水冷壁蒸干区域壁温的升高幅度。

6-47　变压运行锅炉水冷壁在启动和低负荷运行时容易出现什么问题？

变压运行锅炉水冷壁在启动和低负荷运行时，由于压力降低导致汽水密度差较大，由于水冷壁管间工质流动的多值性，容易发生脉动，此时应避免发生过大的热偏差和流动不稳定。变压运行过程中蒸发点的变化使单相和两相区水冷壁金属温度发生变化，需注意水冷壁及其刚性梁体系的热膨胀设计，并要防止因温度频繁变化引起承压件出现疲劳破坏。按 BMCR 工况设计布置的省煤器在负荷降低时有可能出现出口处汽化，它将影响水冷壁流量分配，导致流动工况恶化。

6-48　直流锅炉的加热区、蒸发区和过热区是如何划分的？

由于直流锅炉没有汽包，因此汽水通道中的加热区、蒸发区、过热区各部分之间无固定分界线，只是根据沿管道长度方向上的水蒸气参数发生变化情况假定“分界线”。例如，水在沸腾之前的受热面为加热区；水开始沸腾至全部变为干饱和蒸汽的区段为蒸发区；蒸汽开始过热至额定的过热温度则为过热区。可见，工质沿着管子长度流过时，随着加热的进行，它的状态不断发生变化。

6-49　什么是超临界直流锅炉的最大比热容区？

研究表明，虽然超临界压力下工质是单相的，但在由水过渡到蒸汽的过程中存在一个最大比热容区，即在工质温度为 375℃附近，比热容值达到最大值，在这个区域附近，当温度稍有变化时，物性参数如动力黏度、热导率、密度等都有显著的变化，这个区域就是所谓的最大比热容区。

6-50　为什么螺旋管圈水冷壁布置与选择管径灵活，易于获得足够的质量流速？

与一次垂直上升水冷壁相比，在满足同样的流通断面以获得一定质量流速的条件下，螺旋管圈水冷壁所需要的管子根数和管径可通过改变管子水平倾斜角度来调整，使之获得合理的设计值，以确保锅炉安全运行与水冷壁自身的刚性。与垂直管圈水冷壁相比，螺旋管圈水冷壁管子根数大大减少，而且这种减少水冷壁管子根数的办法不加大管子之间的节距，使管子和肋片的金属温度在任何工况下都安全。

6-51　直流锅炉采用螺旋管圈水冷壁有哪些优点？

螺旋管圈水冷壁的主要优点如下：

（1）足够高的质量流速。可以根据需要获得足够高的质量流速，保证水冷壁的安全运行。

（2）管间热偏差小。对于容量比较小的锅炉，并列管子根数可以很少，因而管间热偏差小；同时，螺旋管在盘旋上升的过程中，管子绕过炉膛整个周界，即途经宽度上热负荷大的区域，又途经热负荷小的区域，因此就整个长度而言各管吸热偏差很小。

（3）可不设置水冷壁进口分配节流圈。垂直管圈为了减少热偏差，在水冷壁进口要按照沿宽度上的热负荷分布曲线设计配置流量分配节流圈。这种节流圈一方面增加了水冷壁的阻力，另一方面针对某一锅炉负荷设置的节流圈，在锅炉负荷变化时会部分地失去作用。由于螺旋管圈的吸热偏差很小，可以取消进口分配节流圈，它的阻力也会低于垂直管圈。

（4）适应锅炉变压运行的要求。螺旋管圈能在低负荷时维持足够的质量流速且热偏差小，所以螺旋管圈水冷壁具有很好的变负荷性能，适合变压运行。

6-52　直流锅炉采用螺旋管圈水冷壁有哪些缺点？

螺旋管圈水冷壁的主要缺点如下：

（1）承重能力弱，需要附加悬吊系统。

（2）螺旋冷灰斗、燃烧器水冷套及螺旋管至垂直管屏的过渡区等组件结构复杂，制造困难，成本高。

(3) 炉膛四角需要进行大量单弯头焊接对口，安装组合率低，安装现场工作量大。

(4) 管子长度较长，阻力较大，增加了给水泵的功耗。

6-53 如何防止直流锅炉蒸发管的脉动？

防止直流锅炉蒸发管脉动的措施如下：

(1) 增大管内质量流量。质量流量大，压力峰不易形成，所以增大质量流量可以消除脉动。

(2) 增大热水段阻力。当热水段阻力增大时，入口处与沸点处压差大，压力波动影响小，因而可以防止脉动。加一个节流圈，可提高入口压力，在压力波动时，给水流量变化小，且不易把工质压回到给水联箱。

(3) 减小蒸发段阻力。减小蒸发段阻力，可以加速把汽泡后工质排向出口联箱，有利于压力峰很快地降低。

(4) 提高工作压力和降低蒸发管附近的热负荷。锅炉工作压力高时，汽水的比体积接近，局部压力升高现象不易发生。实践证明：压力大于 14MPa 时，不发生脉动现象。但直流锅炉应注意启动及低负荷时产生脉动现象。蒸发管附近热负荷高，易发生脉动。因此运行时，注意保持燃烧工况的稳定及炉内温度尽可能均匀。在启动时保持足够的启动流量和压力等。

(5) 给水泵的特性。足够陡的水泵特性可以使压力波动时，流量变化不大，这样有利于消除或避免锅炉的整体脉动。

6-54 造成受热面热偏差的基本原因是什么？

造成受热面热偏差的原因是吸热不均、结构不合理、流量不均。受热面结构不一致，对吸热量、流量均有影响，所以，通常把产生热偏差的主要原因归结为吸热不均和流量不均两个方面。

1. 吸热不均方面

(1) 沿炉宽方向烟气温度、烟气流速不一致，导致不同位置的管子吸热情况不一样。

（2）火焰在炉内充满程度差，或火焰中心偏斜。

（3）受热面局部结渣或积灰，会使管子之间的吸热严重不均。

（4）对流过热器或再热器，由于管子节距差别过大，或检修时割掉个别管子而未修复，形成烟气"走廊"，使其邻近的管子吸热量增多。

（5）屏式过热器或再热器的外圈管，吸热量比其他管子的吸热量大。

2. 流量不均方面

（1）并列的管子，由于管子的实际内径不一致（管子压扁、焊缝处突出的焊瘤、杂物堵塞等），长度不一致，形状不一致（如弯头角度和弯头数量不一样），造成并列各管的流动阻力大小不一样，从而使流量不均。

（2）联箱与引进、引出管的连接方式不同，引起并列管子两端压差不一样，造成流量不均。目前，锅炉多采用多管引进、引出联箱，以求并列管流量基本一致。

6-55 直流锅炉有哪些主要特点？

（1）蒸发部分及过热器阻力必须由给水泵产生的压头克服。

（2）水的加热、蒸发、过热等受热面之间没有固定的分界线，随着运行工况的变动而变动。

（3）在热负荷较高的蒸发区，易产生膜态沸腾。

（4）蓄热能力比汽包锅炉少许多，对内外扰动的适应性较差，一旦操作不当，就会造成出口蒸汽参数的大幅度波动，故需要较灵敏的调整手段，自动化程度要求高。

（5）没有汽包不能排污，给水带入炉内的盐类杂质会沉积在受热面上和汽轮机中，因此对给水品质要求高。

（6）在蒸发受热面中，由于双相工质受强制流动，特别是在压力较低时，会出现流动不稳定和脉动等问题。

(7) 因没有厚壁汽包，启、停炉速度只受联箱及管子或其连接处的热应力限制，所以启、停炉速度大大加快。

(8) 因无汽包，水冷壁管多采用小管径管子，所以直流锅炉一般比汽包锅炉省钢材。

(9) 不受工作压力的限制，理论上适用于任何压力。

(10) 蒸发段管子布置比较自由。

6-56　直流锅炉单元机组的启动旁路系统主要有哪些功能？有哪些类型？

(1) 辅助锅炉启动。

(2) 辅助建立冷态和热态循环清洗工况。

(3) 辅助建立启动压力与启动流量，或建立水冷壁质量流速。

(4) 辅助工质膨胀。

(5) 辅助管道系统暖管。

(6) 协调机炉工况。

(7) 满足直流锅炉启动过程自身要求的工质流量与工质压力。

(8) 满足汽轮机启动过程需要的蒸汽流量、蒸汽压力与蒸汽温度。

(9) 借助启动旁路系统回收启动过程锅炉排放的热量与工质。

(10) 安全保护。启动旁路系统能辅助锅炉、汽轮机安全启动。有的旁路系统还能用于汽轮机甩负荷保护、带厂用电运行或停机不停炉等。

直流锅炉启动系统按分离器在锅炉正常运行时是否参与系统工作可分为内置式启动系统和外置式启动系统两大类。

6-57　直流锅炉启动系统带炉水循环泵有哪些优点？

(1) 在启动过程中回收热量和工质。直流锅炉在启动过程中水冷壁的最低流量为锅炉最大连续蒸发量的30%，因此直流锅炉负荷未达到30%BMCR之前，如采用简易疏水启动系统，在运行过程中所有工质都在炉内被加热，然后没有蒸发掉的水就回到除氧器、凝汽器或排到大气式扩容器中，造成大量的热量及工质的损失。而带炉水循环泵的系统，炉水的再循环保证再循环水所含热量又回到炉膛水冷壁中，在锅炉启动的大部分时间中，没有热量损失及工质损失。这样可以减少启动时所需要的燃料量，同时也减少水处理的量。

（2）开启循环泵进行水冲洗。采用再循环泵系统，可以用较少的冲洗水量与再循环流量之和获得较高的水速，达到冲洗的目的。

6-58　汽包锅炉和直流锅炉的主要区别是什么？

汽包锅炉的主要优点：①由于汽包内储有大量的水，因此有较大的储热能力，能缓冲负荷变化时引起的汽压变化；②由于具有固定的水、汽和过热蒸汽分界线，因此负荷变化时引起的过热蒸汽温度变化小；③由于汽包内具有蒸汽清洗装置，因此对给水品质要求较低。主要缺点：①金属耗量大；②对调节反应滞后；③只能用在临界压力以下的工作压力。

直流锅炉的主要优点：①金属耗量小；②启停时间短，调节灵敏；③不受压力限制，既可用于亚临界压力锅炉，也可用于超临界压力锅炉。主要缺点：①对给水品质要求高；②给水泵电耗量大；③对自动控制系统要求高；④必须配备专用的启动旁路。

6-59　炉水循环泵运行中的危险点和注意事项有哪些？

（1）炉水循环泵在启动前必须注意充分排空，排出电动机腔室中所有的空气。避免在正常运行中由于气泡的存在，使局部过热而损坏电动机的绝缘。所以必须严格遵循正确的注水操作步骤，要控制注水的水质和注水流量，并在注水完毕后，按照规定的次数（一般3次）点转排空，才能完全排出电动机腔室内的空气。

（2）机组每次正常启动，在电动机注水完毕后，要测量电动机的绝缘是否在正常范围内，一般炉水循环泵的绝缘值比普通电动机高很多。绝缘值的降低意味着电动机的绝缘有损坏的迹象，必要时要进行检查。

（3）正常运行中，必须保证电动机高压冷却器有充足的冷却水，一般是用闭式冷却水提供的，闭式冷却水的流量要保证，否则由于高温炉水的热传导作用，将使电动机绕组温度升高到损坏绝缘的程度。一般，炉水循环泵装设闭式冷却水流量保护，在闭式冷却水失去的情况下，使炉水循环泵跳闸，并关闭炉水循环泵出、入口阀，尽量减少炉水的热传导。

（4）运行中，还要保证电动机的注水管路严密不漏，否则高压、高温的炉水将返回电动机，造成电动机绝缘高温损坏。

6-60　炉水循环泵振动大的原因是什么？

（1）轴承磨损或间隙过大。

（2）炉水循环泵出口隔绝阀未全开或关闭。

（3）启动时没有点动排气。

（4）电动机反转。

（5）储水箱水位过低，炉水循环泵进口汽化。

6-61　炉水循环泵振动大应如何处理？

（1）因轴承叶轮磨损等缺陷引起的振动，应安排停泵检修，在此期间应加强监视检查，如振动加剧，威胁设备安全运行，应立即停止其运行。

（2）如因储水箱水位过低，引起炉水循环泵振动过大，且电流不正常晃动，应暂停炉水循环泵运行，待水位恢复后，重新启动炉水循环泵。

（3）启动时，按照要求进行点动排气3～5次。

（4）改变电动机接线相序，使电动机转动方向恢复正常。

（5）适当降低给水温度，提高储水箱压力，消除炉水循环泵进口汽化现象。

6-62 影响直流锅炉水动力多值性的因素有哪些？

水动力多值性的出现，从根本上说，是由于热水段和蒸发段的共存，且蒸发段中工质比体积变化较大引起的。

（1）工质压力影响起主要作用。当压力降低时，汽水密度差增大，水动力趋于不稳定。

（2）蒸发管进口水欠焓。工质欠焓越大，越容易出现多值性。

（3）质量流速。质量流速越小，工质流量分配越不均匀，越容易发生水动力多值性。

（4）热负荷 q。热负荷 q 降低（水冷壁吸热量 Q 降低）时，相当于增大了工质欠焓，使水动力趋于不稳定。

（5）锅炉负荷。直流锅炉在低负荷运行时，比高负荷时的水动力稳定性要差得多。因为低负荷时，压力低、质量流速小、进口工质欠焓大，热负荷降低、热偏差增大。

（6）重位压头。垂直管屏不但可能出现水动力不稳定现象，还可能出现停滞和倒流问题。因此，垂直管屏水动力稳定性条件要求更高。

（7）工质大比热容特性。当工质温度处于大比热容区范围内，且吸热量增大时，比体积发生剧烈变化，引起工质的膨胀量急剧增大，容易产生水动力不稳定现象。

6-63 什么是滑压运行？

在汽轮机负荷变化时，不仅蒸汽流量由锅炉来调整，蒸汽压力也随着负荷的降低由锅炉来调整，而蒸汽温度不随负荷变化，这种运行方式就称为滑压运行。

6-64　600MW 超临界机组直流锅炉过热蒸汽温度如何调整？

（1）在 35%～100%BMCR 负荷内，过热蒸汽温度应控制在 (568±5)℃范围内，两侧蒸汽温度偏差小于 10℃。

（2）过热蒸汽温度的主要调节手段是调整合适的水煤比值，以控制启动分离器出口蒸汽温度。

（3）一、二级减温水是过热蒸汽温度调节的辅助手段，一级减温水用于保证屏式过热器不超温，二级减温水用于对主蒸汽出口温度的精确调整。

（4）蒸汽温度调整时，要注意对受热面金属温度进行监视，蒸汽温度的调整要以金属温度不超限为前提。

6-65　600MW 超临界机组直流锅炉再热蒸汽温度如何调整？

（1）在 50%～100%BMCR 负荷范围内，再热蒸汽温度应控制在 (568±5)℃范围内，两侧蒸汽温度偏差小于 10℃。

（2）再热蒸汽温度主要依靠尾部烟道挡板开度进行调节，开大再热烟气侧挡板，再热蒸汽温度上升，反之下降。用烟气挡板调节再热蒸汽温度时，要考虑挡板调节蒸汽温度的迟缓率较大，注意不要大幅度开、关烟气挡板，手动调整时要注意掌握提前量。

（3）调节再热蒸汽温度时，要注意过、再热器侧烟气挡板的协调配合，注意对过热蒸汽温度的监视和调节。

（4）再热器事故减温水作为备用或事故情况下使用，正常运行中要尽量避免采用事故喷水进行再热蒸汽温度调整。

（5）蒸汽温度调整时，要注意对受热面金属温度进行监视，蒸汽温度的调整要以金属温度不超限为前提。

6-66　600MW 超临界机组直流锅炉设置省煤器电动排气阀的作用是什么？

省煤器电动排气阀用于从省煤器出口集箱向启动分离器排气，以保证在锅炉点火前排出省煤器内的气体，使进入炉膛水冷壁回路的水中不带气，确保水循环的安全。锅炉点火后，排气阀关闭，锅炉灭火后自动开启。

6-67 超临界直流锅炉在启动阶段给水及储水箱水位应如何控制？

（1）在启动和低于本生负荷（35%BMCR）运行时，省煤器和水冷壁必须维持35%BMCR的最小给水量。

（2）锅炉启动期间，储水箱水位正常由循环泵流量控制（储水箱的水位是由循环流率确定的，循环流率是锅炉负荷的函数）。

（3）锅炉点火前，循环泵的流量遵循水位与流量的曲线，系统中没有水的损失，循环水量与本生流量相等。

（4）锅炉点火后，给水流量为3%BMCR的最小流量，发生汽水膨胀时，储水箱水位升高到超出循环泵的控制范围，自动开启小溢流阀，降低水位，如水位继续升高，自动开启大溢流阀控制水位。

（5）随着锅炉蒸发量的增加，储水箱水位逐渐下降，循环流量减少，这时增加给水流量去维持进入水冷壁的本生流量。

（6）当负荷增加到本生负荷时，储水箱水位降到最低，循环泵出口阀关闭，当水位降至最低停泵值时，循环泵自动停运，锅炉进入纯直流状态下运行。

（7）锅炉点火后任何时候严禁储水箱满水。

6-68 超临界直流锅炉在停炉过程中应如何投入炉水循环系统？

（1）机组在超临界压力范围内运行期间储水箱中是没有可见水位的，当压力降至临界压力以下时，由于正常运行中从泵和溢流阀暖管管路流入的水可能使水位很高，储水箱中将有一个清晰的水位。

（2）正常时，该系统是在限制流量控制模式下运行，正常水位控制被闭锁，因为不闭锁可能导致突然的或不必要的排水。

（3）当负荷降至40%BMCR时，循环泵自动启动，此时水位可能是高的，或者在最低水位以上，而锅炉仍以直流方式运行时不要求泵有流量。因此在这种情况下，循环出口阀保持关闭，打开循环泵仅在最小流量下运行。

（4）当负荷降至38%BMCR以下时，循环出口阀开启，适量的循环流量引起给水流量下降。此时，当分离器仍在过热蒸汽参数下运行时，将导致储水箱内水位下降。

（5）当负荷降低到本生负荷（35%BMCR）以下时，水冷壁出口将是湿蒸汽状态。分离下来的水返回储水箱，流量等于本生流量与锅炉蒸发量之差。

（6）当水位降到某一点时，限制流量将等于正常水位控制产生的流量，在这点上，将水位控制由限制流量模式切换到正常方式，也即储水箱的水位由循环流量来控制，保持这种运行方式，直到机组停运。

6-69 锅炉启动时应如何对省煤器进行保护？

设立锅炉最小启动流量。为了防止在冷态启动或炉膛吹扫期间省煤器汽化，要求保证省煤器中的水保持不间断的流动，汽包锅炉一般装设有省煤器再循环管道，在锅炉不上水时打开省煤器再循环。而直流锅炉是采取在启动初期始终保持有3%BMCR的最小给水流量供给锅炉，直到蒸发量超过该值，水经溢流阀排出。

6-70 目前超临界直流锅炉给水处理一般采用什么方式？

直流锅炉给水加氨、加氧联合处理（CWT）是一项新的给水处理技术，利用给水中溶解氧对金属的钝化作用，使金属表面形成致密的保护膜，它可以降低给水的含铁量及锅炉受热面结垢速率，延长锅炉化学清洗周期和凝结水精处理混床的运行周期。该技术运行成本低，安全可靠，国内外采用CWT方式替代传统的AVT（加氨和联氨全挥发性处理）方式运行的机组逐年增多。

目前，超临界直流锅炉给水处理一般采用CWT方式，由于CWT方式需要维持低的电导率，在新机组试运期间或机组启动阶段仍然采用AVT方式，正常运行中出现因凝汽器泄漏等原因导致给水电导率超标时，应立即切换到AVT方式。

6-71　为什么直流锅炉对自动控制系统的要求比汽包锅炉高?

（1）直流锅炉无汽包且受热面管径小，其蓄热能力比汽包锅炉要低，当负荷或燃烧工况发生变化时，依靠自身炉水和金属蓄热来减缓蒸汽温度和蒸汽压力波动的能力较差，参数的变化比汽包锅炉快。

（2）直流锅炉没有汽包，没有明显的汽水分界点，正常运行中给水量等于蒸发量，蒸汽温度的控制必须由给水量和燃料量的调整配合完成，即控制水煤比。

（3）超临界锅炉都是直流形式，容量大、参数高，对控制系统的要求高。

（4）基于以上几个主要原因，所有直流锅炉对控制系统的要求比汽包锅炉要高。

6-72　直流锅炉过热蒸汽温度高的现象有哪些?

直流锅炉过热蒸汽温度高的现象有过热蒸汽某一段或多段受热面的蒸汽温度或金属壁温超过允许限值，光字牌或CRT指示温度声光报警。

6-73　直流锅炉过热蒸汽温度高的原因有哪些?

（1）DCS协调系统故障或手动调节不及时造成水煤比失调。

（2）炉膛工况发生大幅度扰动，自动调整品质不好或手动调节不及时。炉膛燃烧工况发生大幅度扰动。

（3）给水系统故障，锅炉给水量突然减小。

（4）炉膛严重结焦或积灰。

（5）煤质突然变好。

（6）减温水阀门故障关闭。

（7）主蒸汽系统受热面或管道泄漏。

（8）炉膛火焰中心升高。

（9）高压加热器退出运行，给水温度降低。

（10）风量过大。

6-74 直流锅炉过热蒸汽温度高时应如何处理？

（1）水煤比失调时或减温水失控应立即解除自动，手动调整水煤比和减温水量，控制过热蒸汽各段温度在规定范围内。

（2）出现甩负荷动作、磨煤机跳闸、掉焦、吹灰、给水泵跳闸、高压加热器解列等工况，发生大幅扰动时，蒸汽温度控制由DCS自动完成，尽量不要手动干预，但应注意自动调节状况和蒸汽温度的变化，必要时可对分离器出口温度定值进行适当的修正，保证各点温度在允许范围内。当发现自动调节工作不正常，蒸汽温度急剧变化时，值班员应果断切为手动调整蒸汽温度。

（3）减温水阀门故障造成蒸汽温度高时，将相应的减温水自动切换为手动调整，保持该阀门一定开度不动，等待检修处理。必要时，适当降低分离器出口温度，降低主蒸汽温度运行，严防主蒸汽温度和管壁超温，及时通知检修人员处理。

（4）主蒸汽系统受热面或管道泄漏应及时停炉处理，泄漏可能会造成蒸汽温度异常，在维持运行期间如主蒸汽温度自动不能正常工作，应将其切为手动进行调整。

（5）任何情况造成主蒸汽温度和受热面金属温度超温且短期调整无效时，应果断切除上排制粉系统，并降负荷，也可切除全部制粉系统，保持锅炉燃油运行，确保受热面的安全。

（6）经采取上述措施后，如果主蒸汽温度继续升高到报警值，应降低机组负荷。

(7) 当主蒸汽温度达到保护动作值时，MFT 动作。

6-75 滑压运行对直流锅炉运行会产生什么影响?

滑压运行对直流锅炉的影响主要有两方面：①滑压运行时，在不同负荷下，加热、蒸发和过热各区段的焓增相差就较大。例如，当负荷降低时，主蒸汽压力也降低，要求蒸发吸热量增加，而加热、过热吸热量减少；②在低压力下滑压运行时，蒸汽的比体积大，因此，蒸汽和水的比体积相差增大，在蒸发受热面管屏中易出现水动力不稳和脉动现象，影响蒸发受热面的安全性。因此，直流锅炉只能在一定负荷范围内方可采用滑压运行方式，而在较低负荷时只能采用定压运行方式。

6-76 超超临界直流锅炉何时需要做超压水压试验?

超压水压试验一般每 6 年进行一次，除定期检验外，有下列情况之一时，应进行内、外部检验和超压试验。

(1) 新装的锅炉投运时。

(2) 停用一年以上的锅炉恢复运行时。

(3) 锅炉改造，受压元件经过重大修理或更换后，如水冷壁更换管数在 50%以上，过热器、再热器、省煤器等部件成组更换时。

(4) 根据运行情况，对设备安全可靠性有怀疑时。

6-77 超超临界直流锅炉水压试验的要求是什么?

(1) 水压试验用水必须是合格的除盐水，进水温度大于 21℃，锅炉满水后，各受热面内的壁温大于 21℃后，才可升压。

(2) 水压试验必须制定专用的试验措施，环境温度低于 5℃时应做好防冻措施。

(3) 水压试验压力以锅炉就地压力表指示为准。压力表准确度在 0.5 级以上，且具有两只以上不同取样源的压力表投运，并进行过校对。

（4）做超压水压试验时，应具备锅炉工作压力下的水压试验条件，需要重点检查薄弱部位，保温已拆除。解列不参加超压试验的部件，采取了避免安全阀起座的措施。对各承压部件的检查，应在升压至规定压力值，时间维持 5min，再降至工作压力后进行。

（5）水压试验升压速率控制在 0.3～0.5MPa/min。

6-78 超超临界直流锅炉水压试验的合格标准是什么？

（1）受压元件金属壁和焊缝没有任何水珠和水雾的泄漏痕迹。

（2）关闭进水阀，停止给水后，5min 内降压不超过 0.5MPa。

（3）超压水压试验后，经宏观检查，受压元件没有明显的残余变形。

6-79 目前国内超超临界直流锅炉常用的点火方式有几种？

目前国内超超临界直流锅炉常用的点火方式有等离子点火方式、微油点火方式、油枪点火方式。

6-80 超超临界直流锅炉冷态清洗的合格标准是什么？

当凝结水含铁量大于 500μg/L 时，不得进入精处理装置。当疏水箱出口疏水含铁量小于 100μg/L 、SiO_2 含量小于 50g/L 时，冷态清洗合格。

6-81 超超临界直流锅炉热态清洗的合格标准是什么？

当凝结水含铁量大于 500μg/L 时，不得进入精处理装置。当疏水箱出口疏水含铁量小于 50μg/L、SiO_2 含量小于 30μg/L 时，热态清洗合格。

6-82 超超临界机组热态启动的原则是什么？

超超临界机组热态启动的原则是保证汽轮机、锅炉的金属温度尽可能不被冷却，尽快过渡到相应工况点之上。因此在启动过程中，要严格遵守热态启动曲线，加快锅炉的升温、升压速率；选择较高的汽轮机冲转参数（包括轴封汽），尽快冲转并网带较高的初负荷，以缩短启动时间。

6-83　超超临界直流锅炉正常运行时的主要监视参数有哪些?

（1）炉膛负压。

（2）炉膛出口烟气温度、空气预热器入口烟气温度和空气预热器出口烟气温度。

（3）总风量、氧量及大风箱与炉膛的压差。

（4）热一次风母管压力及密封风与一次风的压差。

（5）火焰检测冷却风机压力。

（6）总燃料量、煤水比。

（7）水冷壁及过、再热器等受热面管壁温度。

（8）主、再热蒸汽压力、温度，分离器出口温度及焓值。

（9）总给水量、减温水量等。

6-84　超超临界直流锅炉灭火的原因有哪些?

（1）煤质过于低劣或煤种突然变化，挥发分减小，灰分和水分增大，对燃烧和一、二次风未及时调整。

（2）锅炉负荷过低，未投油枪助燃，负荷波动时操作调整不当。

（3）炉膛温度低，燃烧室负压过大或一次风速过高。

（4）制粉系统故障，致使进入炉膛的煤量突然减少。

（5）二次风或点火源突然失去，造成瞬间灭火。

（6）水冷壁爆管严重，吹灭火焰。

（7）锅炉塌焦严重，火焰被压灭。

（8）磨煤机在低负荷下运行时，风煤比太高，煤粉浓度太低致使煤粉自燃烧能力较低。

（9）锅炉低负荷运行时，炉膛吹灰不当。

（10）炉膛漏风严重，炉底水封破坏。

6-85　超超临界直流锅炉放炮可能有哪些原因?

（1）锅炉点火前炉膛没有被完全吹扫。

（2）在锅炉闷炉期间有燃料进入炉膛。

（3）锅炉熄火后，燃料未被及时切断。

（4）火焰检测逻辑未投用。

（5）火焰检测器故障。

（6）MFT 动作后，联锁设备未正常动作。

（7）锅炉低负荷运行时，油枪投入不及时。

（8）锅炉启动点火时，油枪雾化不良，有未燃尽的油滴积存在受热面上，引起炉内爆燃。

（9）锅炉长时间在低负荷或空气不足的情况下运行，在灰斗和烟道死区滞积有未燃尽的燃料，当这些燃料被突然增大的通风或吹灰扰动时，将引起爆燃。

6-86　1000MW 超超临界直流锅炉预防灭火应采取哪些措施?

（1）FSSS 保护不得随意强制，若确需强制，必须制定完善的安全技术措施，并经总工程师批准。

（2）严格控制入炉煤的质量，控制燃煤热值和挥发分。当燃煤品质发生较大变化时，应及时调整配风，必要时应进行煤种适应性试验。

（3）当煤种发生改变时，值长应及时通知各机组人员，做好调整燃烧的应变措施。

（4）根据燃用煤种及时调整磨煤机出口风温和风量。燃煤挥发分 $V_{ar}<25\%$时，磨煤机出口温度应大于 75℃；燃煤挥发分 $V_{ar}>30\%$时，磨煤机出口温度不宜高于 70℃。

（5）当制粉系统故障或跳闸等原因引起燃烧不稳或对锅炉燃烧工况进行扰动较大的操作时，应投入对应层的点火油枪进行助燃。

（6）低负荷燃烧不稳定，必须投油稳燃。

（7）当机组负荷小于 500MW 时，不得进行炉膛吹灰。

（8）锅炉主蒸汽流量在 1500t/h 以下，当磨煤机启动或停止时，注意磨煤机吹扫程序执行过程中风量增大对一次风母管和炉膛压力的冲击。低负荷时，启停磨煤机应缓慢。

（9）定期吹灰，防止锅炉严重结焦。

（10）锅炉总风量必须按规定的风量和氧量曲线控制。

（11）执行油枪定期试点火制度，确保雾化良好，以便能在低负荷稳燃、燃烧不稳或磨煤机启停时发挥助燃作用。

6-87　超超临界直流锅炉水冷壁管损坏的现象有哪些?

（1）分离器压力不同程度下降，给水流量不正常地大于蒸汽流量，化学补充水量增加。

（2）炉膛内有泄漏声，水冷壁爆破时有显著响声，严重时从不严密处漏出蒸汽和炉烟。

（3）引风机静叶不正常地开大，电流增加。

（4）炉膛燃烧不稳，火焰亮度减弱。

（5）烟气温度下降。

（6）炉膛压力升高，并可能导致锅炉 MFT。

（7）烟囱有白色蒸汽排出。

（8）“四管泄漏”装置报警。

6-88　超超临界直流锅炉水冷壁管损坏的原因有哪些?

（1）给水品质不符合标准，长期运行造成管内腐蚀或结垢。

（2）水冷壁管内有异物，或水动力工况不正常，造成管内工质质量流速下降。

（3）管子制造、安装、检修、焊接质量不合格或材质不符合要求。

（4）升停炉过快，热应力过大，管子拉坏。

（5）吹灰器安装、运行不良，造成管壁吹损。

（6）水冷壁膨胀不畅。

（7）由于投用的燃烧器数目不合理造成燃烧器区域热负荷过高而引起水冷壁局部过热。

6-89　如何预防超超临界直流锅炉水冷壁管损坏？

（1）锅炉启停过程中应严格控制锅炉的升温、升压率。

（2）锅炉上水时，水温和上水速度应严格按规定执行。

（3）合理投用燃烧器，保证火焰中心适宜，不冲刷水冷壁，防止炉膛结渣，减少热偏差，避免水冷壁局部过热；同时要注意控制好风量，避免风量过大或缺氧燃烧。

（4）合理投运吹灰器，防止锅炉结渣。投用吹灰器前，吹灰器母管应充分疏水，不要提高吹灰器压力，运行中应加强对吹灰器的监视，防止因吹灰器卡涩或枪管漏汽漏水而损坏受热面。

（5）锅炉结渣时，应及时进行吹灰、减负荷、更换煤种和调整燃烧方式，防止因大渣块掉落而砸坏冷灰斗水冷壁管。

（6）控制水质，防止水冷壁结垢，定期对水冷壁管进行酸洗。

（7）必要时对水冷壁进口节流孔圈处进行拍片检查。

6-90　超超临界直流锅炉水冷壁管损坏应如何处理？

（1）降低减负荷和压力，确认泄漏点。

（2）如水冷壁管子损坏不严重，能维持锅炉燃烧稳定及主、再热蒸汽温度在正常水平，可允许在减负荷降压情况下做短时间运行，此时应加强对蒸汽温度、过热器壁温、水燃比及炉内燃烧工况的监视，必要时投油助燃，申请停炉。

（3）如水冷壁损坏严重导致工质温度或壁温超限，无法维持正常运行，则应立即停炉。

（4）停炉后，可维持一组送、引风机运行，待蒸汽基本排除后停运。

（5）停炉后，电除尘器应尽快停运，防止电极积灰。

（6）停炉后，应迅速将电除尘器、省煤器下部灰斗中的灰清出，以防堵塞。

6-91　超超临界直流锅炉省煤器管损坏的现象有哪些？

（1）“四管泄漏”装置报警。

（2）给水流量不正常地大于蒸汽流量，机组补充水量增加。

（3）水燃比不正常地变大。

（4）泄漏处附近有异常声音，泄漏点后烟气温度下降。

（5）炉膛压力升高，引风机调节挡板不正常地开大，电流增加。

（6）严重时省煤器灰斗有水溢出。

（7）省煤器两侧烟气温差增大，空气预热器两侧出口风温差增大。

6-92　超超临界直流锅炉省煤器管损坏的原因有哪些？

（1）管子制造、焊接质量不良。

（2）给水品质长期不合格，导致管内结垢。

（3）安装或检修时管子内部被异物堵塞。

（4）省煤器区域发生二次燃烧而导致管子过热。

（5）被邻近泄漏的管子吹损。

（6）飞灰磨损，低温腐蚀。

（7）吹灰器运行不良，造成管壁吹损。

（8）给水温度、流量变化太大。

6-93　如何预防超超临界直流锅炉省煤器管损坏？

（1）锅炉上水时，水温和上水速度应严格按规程规定执行。

（2）在锅炉启动阶段，控制好过冷水量，防止省煤器内出现沸腾。

（3）投用吹灰器前，应进行充分疏水，吹灰压力要适当，加强对吹灰器的监视，防止吹灰器卡涩或枪管漏汽损坏受热面。

（4）合理投运吹灰器，防止省煤器区域积灰。

（5）控制水质，防止省煤器管内结垢。

6-94 超超临界直流锅炉省煤器管损坏应如何处理？

（1）当泄漏不严重时，允许锅炉做短时间运行，但应降低蒸汽压力及负荷，加强对各受热面沿程温度和故障点的监视，申请停炉。停炉后，适当加强进水，尽量维持锅炉储水箱水位。

（2）严密监视分离器进口蒸汽温度及过热度。

（3）停炉后，可维持一组送、引风机运行，待蒸汽基本排除后方可停运。

（4）加强空气预热器吹灰。

（5）停炉后，电除尘器应尽快停运，防止电极积灰。

（6）停炉后，应迅速将电除尘器、省煤器下部灰斗中的灰清出，以防堵塞。

6-95 超超临界直流锅炉过热器管损坏现象是什么？

（1）“四管泄漏”装置报警。

（2）主蒸汽压力下降，给水流量不正常地大于蒸汽流量，化学补充水量增加。

（3）泄漏处附近有异常声音。

（4）炉膛压力升高，严重时从不严密处向外喷烟气。

（5）引风机静叶不正常地开大，电流增加。

（6）过热器两侧蒸汽温度偏差异常，故障点后管壁温度升高。

（7）过热器泄漏侧烟气温度下降。

（8）电除尘器工作可能不正常，除灰系统、空气预热器可能堵灰。

6-96 超超临界直流锅炉再热器管损坏现象是什么？

（1）“四管泄漏”装置报警。

（2）再热器出口压力下降。

（3）负荷不变时，主蒸汽流量升高，化学补充水量增加。

（4）泄漏点附近有异常声音。

（5）再热器两侧蒸汽温度偏差大，泄漏点后管壁温度升高。

（6）引风机静叶不正常地开大，电流增加。

（7）炉膛压力升高，严重时从不严密处向外喷烟气。

（8）电除尘器工作可能不正常，除灰系统、空气预热器可能堵灰。

6-97 超超临界直流锅炉过、再热器管损坏的原因有哪些？

（1）过、再热器管长期超温或短时严重超温。

（2）被邻近泄漏的管子吹损。

（3）防磨护瓦脱落。

（4）吹灰器安装位置不正确，吹灰蒸汽压力过高或带水，管子被吹损。

（5）尾部烟道过热器、再热器飞灰磨损或积灰造成腐蚀。

（6）蒸汽品质不合格，管内结垢。

（7）低负荷时，减温水调节阀开关幅度过大，使过热器、再热器发生水塞引起过、再热器管损坏。

（8）锅炉启停时对过、再热器冷却不够。

（9）尾部过热器、再热器处发生可燃物再燃烧。

（10）制造、安装、检修质量不好或使用材质不合格。

（11）过热器管内有异物堵塞。

（12）锅炉启动阶段，汽水分离器水位控制不当，造成蒸汽带水。

6-98 如何预防超超临界直流锅炉过、再热器管损坏？

（1）定期进行炉膛吹灰，确保炉膛的吸热量，防止过热器和再热器管壁超温。

（2）吹灰器投用前应充分疏水，吹灰压力设定适当，加强对吹灰器的监视，防止吹灰器卡涩或枪管漏汽损坏受热面。

（3）定期对过热器和再热器进行吹灰，防止积灰、结渣。

（4）操作过热器和再热器减温水时，幅度不应太大，保证减温器出口蒸汽温度应有14℃以上的过热度。

（5）进行合理的燃烧调整，避免锅炉两侧烟气温度和蒸汽温度出现大的偏差，防止局部区域管壁温度超温。

（6）控制水质，防止管内结垢。

（7）在锅炉启动阶段，应确保过热器和再热器内有蒸汽流通，在再热器流量尚未完全建立之前，应控制炉膛出口温度小于538℃。

（8）利用停炉机会，加强对各受热面吹损和磨损情况的检查，重点加强对容易形成烟气走廊区域和吹灰器区域受热面的检查，早发现、早处理。

（9）加强对过热器、再热器壁温的监视，发现超温应及时进行调整，并分析原因。

（10）锅炉启动投油阶段，防止未燃尽燃料在对流受热面上沉积。

（11）锅炉启动阶段，应严格控制汽水分离器的水位，尤其是在锅炉汽水膨胀阶段，防止因水位过高而造成蒸汽带水。

6-99 超超临界直流锅炉过、再热器管损坏应如何处理？

（1）过热器或再热器管损坏不严重时，应降低蒸汽压力及负荷，可维持短时运行，申请停炉。

（2）在维持运行期间，应加强对泄漏点的监视，防止故障扩大。

（3）若过热器或再热器管壁超温，应继续降低负荷。

（4）如过热器或再热器管严重爆破，应立即停止锅炉运行，停止电除尘器。

（5）加强空气预热器吹灰。

（6）停炉后，保留一台引风机运行，维持炉膛负压正常，待蒸汽消失后，停止引风机，保持自然通风。

6-100　给水温度突降对超超临界直流锅炉参数有何影响？

直流锅炉，其循环倍率等于1，工质在锅炉内一次完成加热、蒸发、过热三个阶段，这三个阶段是没有固定分界的，它们将随着锅炉工况的变化而变化。当给水温度发生突降时，由于加热段延长，蒸发段后移，造成过热段缩短，最终将造成主蒸汽温度的突降。但为了维持机组负荷的稳定和中间点温度的恒定，必须增加锅炉的燃料量，随着燃料量的增加，蒸汽温度会迅速上升，甚至可能出现超温现象。对于直流锅炉，水冷壁出口和分隔屏、屏式过热器及后墙水冷壁悬吊管的壁温上升更为明显，应密切监视。

6-101　超超临界直流锅炉给水温度突降应如何处理？

（1）正常运行中发生给水温度突降时应迅速查明故障原因，根据不同情况做出相应处理。

（2）机组满负荷运行时，如发生高压加热器保护动作或紧急退出运行，为防止汽轮机中、低压缸过负荷，应立即降低锅炉的燃料量和给水量。在负荷不超过规定值的情况下，为了避免处理中对机组功率及锅炉燃烧工况造成不必要的扰动，燃料量可保持不变，在此基础上根据给水温度下降的幅度，适当减少给水流量，维持中间点温度正常，及时调整减温水量，保持主蒸汽温度正常。当给水自动动作不正常时，应及时切至手动进行处理。

（3）机组高负荷运行时，如发生高压加热器突然退出运行，可能造成机组负荷瞬时升高和再热器进、出口压力升高及再热器安全阀起座或低压旁路阀自行打开，此时应迅速降低锅炉负荷，尽快恢复主蒸汽和再热蒸汽压力正常，关闭已打开的低压旁路阀，将起座的安全阀回座。采用汽动给水泵的锅炉，在发生安全阀起座或低压旁路阀打开时，应特别注意由于抽汽压力降低而可能造成的给水压力下降。

6-102　如何预防超超临界直流锅炉炉膛结焦、结渣？

（1）尽量燃用设计范围内煤种，避免燃用易结焦性煤。

（2）若因故燃用有结焦倾向的煤种，应进行合理掺烧。

（3）加强水冷壁及炉膛上部吹灰，采用定期吹灰和选择性吹灰相结合的方法。

（4）加强就地巡检，发现结焦及时处理。

（5）根据煤种的变化情况，及时合理地进行燃烧调整。例如，改变炉膛与风箱压差、煤粉细度、配风等。

（6）适当增加二次风量，控制锅炉氧量正常，避免锅炉局部缺氧燃烧。

（7）锅炉运行中应加强对减温水量、烟道挡板开度及各段受热面壁温的监视，发现参数异常应及时分析、调整。

6-103　超超临界直流锅炉炉膛结焦、结渣应如何处理？

（1）更换燃用煤种。

（2）适当开大结焦区域的小风门。

（3）加强水冷壁吹灰，过、再热器管壁温度或减温水未见明显下降，应申请降负荷处理。

（4）大幅度升降机组负荷，使结渣产生一个热力振动。

（5）若机组负荷已降至额定值一半，管壁温度仍超限或减温水量超过相应负荷的设计流量，应继续减负荷，直至管壁温度和减温水量正常。

（6）经上述处理无效时，应申请停炉处理。

6-104　锅炉高温腐蚀的机理是什么？

高温腐蚀主要分为硫酸盐型和硫化物型两种，前者多发生于过热器和再热器，后者多发生于炉膛水冷壁。运行分析发现，凡腐蚀严重的锅炉水冷壁，都在相应腐蚀区域的烟气成分中发现还原性气氛和含量很高的 H_2S 气体，而且腐蚀速度与烟气中的 H_2S 浓度成正比。H_2S 型腐蚀的机理是，当炉内供风不足时，煤中的 S 除了生成 SO_2、SO_3 外，还会由于缺氧而生成 H_2S；同时，SO_2 和 SO_3 也会转变为 H_2S。H_2S 可直接与水冷壁中纯金属反应生成 FeS，也会与水冷壁表面的 Fe_3O_4 氧化层中所复合的 FeO 反应生成 FeS。FeS 的熔点为 1195℃，在温度较低的腐蚀前沿可以稳定存在，但当粘灰层温度较高时，FeS 又会再次与介质中的氧作用，转变为 Fe_3O_4，从而使氧腐蚀进一步进行。

贴壁气氛中的 CO 也是发生高温腐蚀的必要条件。

含灰气流的冲刷可加剧高温腐蚀的发展，气流中的大量灰粒会使旧的腐蚀产物不断去除而将纯金属暴露于腐蚀介质下，从而加速上述腐蚀过程。

6-105　直流锅炉再循环泵式启动系统的功能有哪些?

再循环泵式启动系统是为解决直流锅炉启动和低负荷运行时而设置的功能组合单元，其作用是在水冷壁中建立足够高的质量流量，实现点火前循环清洗，保护蒸发受热面点火后不过热，保持水动力稳定，还能回收热量，减少工质损失。其具体的功能如下：

（1）锅炉给水系统、水冷壁和省煤器的冷态和温态水冲洗，并将冲洗水送往锅炉的疏水扩容系统。

（2）满足锅炉的冷态、温态、热态和极热态启动的需要，直到锅炉达到 25%BMCR 最低直流负荷，由再循环模式转入直流方式运行为止。

（3）只要水质合格，启动系统即可完全回收工质及其所含热量，包括锅炉点火初期水冷壁汽水膨胀阶段在内的启动阶段的工质回收。

（4）锅炉在结束水冲洗（长期停炉或水质不合格时），锅炉点火前，给水泵供给相当于 5%BMCR 的给水，再循环泵则一直提供20%BMCR的再循环水量，两者相加，使启动阶段在水冷壁中维持25%BMCR的流量做再循环运行，以冷却水冷壁和省煤器系统不致超温，通过分离器疏水调节阀控制分离器储水箱中的水位。当锅炉产汽量达到5%BMCR时，分离器水位调节阀全关，再循环流量逐渐关小，给水流量逐步增大，以与锅炉产汽量匹配。当负荷达到25%BMCR最低直流负荷时，再循环阀全关，锅炉转入直流运行。

（5）启动分离器也能起到在水冷壁系统与过热器之间的温度补偿作用，均匀分配进入过热器的蒸汽流量。

6-106 超超临界直流锅炉省煤器积灰有何危害?

省煤器管壁上积灰后，使省煤器管的传热系数降低，传热恶化，提高了空气预热器进口的烟气温度，严重时会使空气预热器的运行工况恶劣，造成空气预热器内受热面的损坏，同时也会引起空气预热器出口排烟温度升高，排烟热损失提高，降低锅炉效率；积灰可能使烟道堵塞，轻则使烟气的流动阻力增加，提高了引风机的功耗，增加厂用电，严重时可能被迫停炉清灰。省煤器管壁积灰也增加了省煤器管低温腐蚀的可能性。

6-107 超超临界直流锅炉省煤器积灰应如何预防?

锅炉运行时，为防止或减轻积灰的影响，首先应及时对省煤器区域的受热面进行吹灰，尤其在锅炉负荷较低的情况下，流经省煤器的烟气流速较低时，更应及时进行吹灰；但频繁的吹灰也有可能造成省煤器管壁的吹损，因此，还必须确定一个合理吹灰间隔时间和吹灰的持续时间，一般情况下，每天吹灰一次或两次。其次，还应防止省煤器泄漏，泄漏后的水和饱和蒸汽会使省煤器外表面形成黏结性灰而无法清除。

另外，尾部烟道调温挡板的开度直接影响前后烟道内的烟气流量和流速，对受热面的积灰和磨损影响也比较大，因此在锅炉的运行中，要尽量保持前后烟道挡板开度的平衡。

6-108　影响超超临界直流锅炉省煤器磨损的因素有哪些？

影响省煤器磨损的因素主要有烟气流速、飞灰浓度、灰的物理化学性质、受热面的布置与结构特性和运行工况等。

受热面金属表面的磨损正比于飞灰颗粒的动能和撞击次数。飞灰颗粒的动能和速度的平方成正比，而撞击次数同速度的一次方成正比。这样，管子金属面的磨损就同烟气速度的三次方成正比。由此可见，烟气流速对受热面的磨损起决定性的作用。

在管束四周与烟道的间隙中，形成烟气走廊，由于阻力较小，局部烟速可达到平均流速的2倍而形成严重的局部磨损。当烟气经水平烟道转入尾部烟道时，由于气流转弯，飞灰被抛向后墙附近，使这里的飞灰浓度增高，靠后墙的管子就会受到更大的磨损。

飞灰中那些大的颗粒更容易引起管壁的磨损，具有足够硬度和锐利棱角的颗粒要比球形颗粒磨损更严重些。灰粒磨损性能主要取决于灰中 SiO_2 的含量，还与总灰量有关；而总灰量取决于燃料灰分和燃料的发热量。

管子的布置方式，如错列、顺列及横向、纵向、斜向节距均对磨损有影响。

除上述因素外，燃料灰分、炉型、燃烧方式、烟道形状、局部飞灰浓度、管径等对省煤器磨损均有影响。

锅炉运行时，随着锅炉负荷的增加，烟气流速也相应增加，飞灰磨损也就加快。烟道漏风量增大时，因烟气容积增大流速相应增高，磨损也将加快。锅炉燃烧时，因燃烧不良而使飞灰含碳量增高时，由于焦炭颗粒的硬度比飞灰的硬度高，因此磨损也会增大。此外，当省煤器受热面发生局部烟道堵塞时，烟气偏流向未堵塞侧，烟速提高，造成单侧局部磨损。

6-109　防止省超超临界直流锅炉煤器磨损的措施有哪些？

首先应消除烟气走廊的形成，安装和维修时，应尽量减小省煤器管子与包覆墙之间的距离，同时使各蛇形管间距离要尽量均